U0395556

写给中小学生的

法布尔昆虫记

第7卷

夜间的不速之客

（法）法布尔（Fabre，J.H.）著

余继山　编译

上海科学普及出版社

图书在版编目（CIP）数据

写给中小学生的法布尔昆虫记．第七卷，夜间的不速之客 /（法）法布尔（Fabre，J.H.）著；余继山编译．— 上海：上海科学普及出版社，2017.5

ISBN 978-7-5427-6845-2

Ⅰ．①写… Ⅱ．①余… Ⅲ．①昆虫学—少儿读物 Ⅳ．① Q96-49

中国版本图书馆 CIP 数据核字 (2016) 第 257791 号

责任编辑　刘湘雯

写给中小学生的法布尔昆虫记

第七卷　夜间的不速之客

（法）法布尔（Fabre，J.H.）著

余继山 编译

上海科学普及出版社出版发行

（上海中山北路 832 号 邮编 200070）

http://www.pspsh.com

各地新华书店经销　三河市同力彩印有限公司

开本 787×1092 1/16 印张 10.75 字数 210 000

2017 年 5 月第 1 版　2017 年 5 月第 1 次印刷

ISBN 978-7-5427-6845-2　　定价：28.00 元

前言

《昆虫记》是法国著名昆虫学家、科普作家法布尔的代表作。法布尔从小就对自然界和昆虫世界表现出了浓厚的兴趣，立志做一个为昆虫写历史的人。他经过20多年的观察研究和资料搜集，将昆虫的专业知识与人文情怀结合在一起，最终写成了昆虫的史诗《昆虫记》。

《昆虫记》全书共分为10卷，概括性地阐述了各类昆虫的种类、特征、生活习性及生殖繁衍情况，书中，作者将自己的人生经历与纷繁复杂的昆虫世界联系在一起，用清新自然、诙谐幽默的语调，向读者讲述了一个又一个关于昆虫的故事，内容不仅包含丰富的知识性，并且极具趣味，是一部不可多得的长篇科普文学巨著。

法布尔在描述昆虫时，常常用人性的眼光去看待它们，评判它们，内容充满着哲学意味的思考，字里行间透露出对生命的尊重与热爱。作者在讲述昆虫筑巢、觅食、工作、交配、生殖繁衍等生命活动时，常常浸透着人性的思考。通过阅读这套书，小读者不仅可以读到一个妙趣横生的昆虫世界，而且能通过对这些现象的了解，探究到昆虫背后的秘密，解开一个又一个有关昆虫的谜团。

本套丛书是专门为中小学生打造的，在充分尊重原著的基础上，用流畅、通俗易懂的语言向小读者们讲述了各种昆虫趣事，使小读者们能够无障碍地进行阅读。书中还配有大量精美的昆虫插图及活泼俏皮的文字解说，辅助小读者更好地理解其中的内容。现在，让我们一起走进法布尔笔下的神奇昆虫世界，去体会和了解这个不一样的，充满奥秘的世界吧。

目录

contents

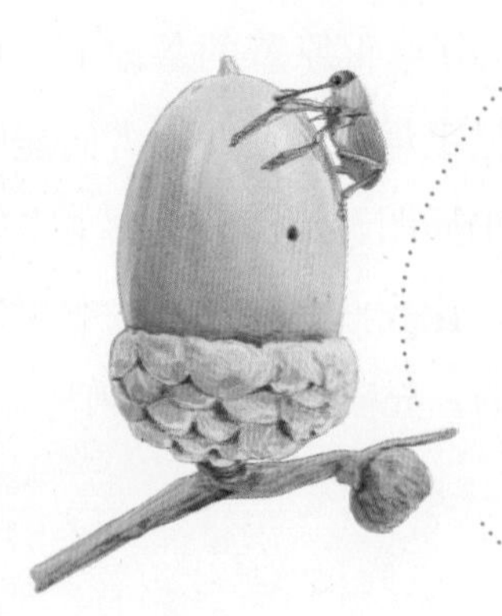

第四章
堡垒里的隐士——榛子象

第五章
灵巧的卷叶工——青杨绿卷象

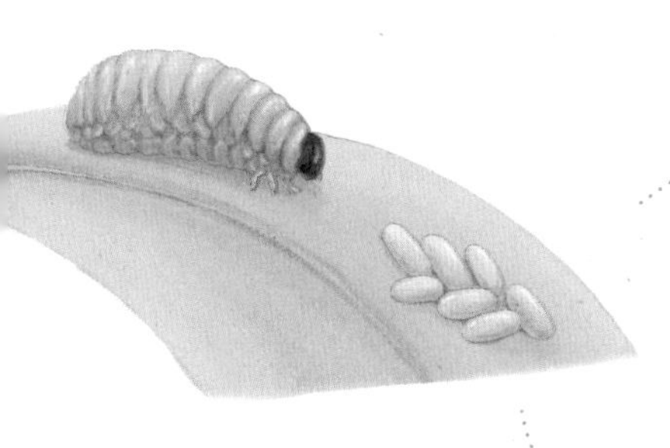

第六章
防御服制造者——百合花叶甲

第七章
吐唾沫的虫——牧草沫蝉

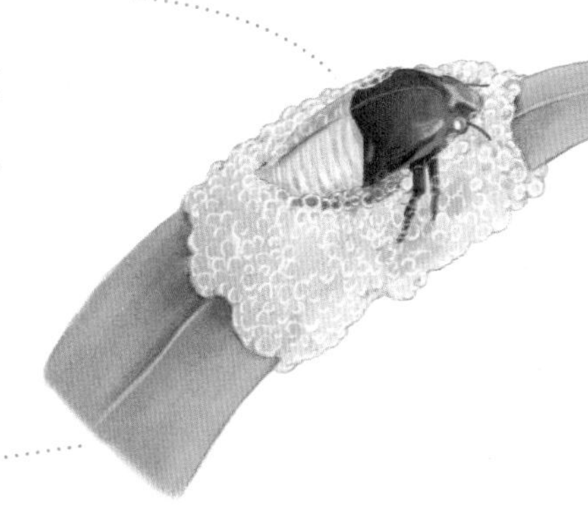

第八章
陶瓷艺术家——锯角叶甲

第九章
水上搬运夫——沼石蛾

第十章
活动茅屋的主人——蓑蛾

第十一章
夜间访客——大孔雀蛾

第一章

狡猾的刽子手

——大头黑步甲

昆虫档案

昆虫名字：步甲

拉丁学名：Carabidae，ground beetle

身世背景：鞘翅目肉食亚目步甲科昆虫的通称，大约有两万多种，很多都能分泌一种难闻的汁液，使天敌不敢靠近

生活习性：天生好斗，行动敏捷，喜欢潮湿的环境，白天常常在苔藓下或者树皮中活动，有假死现象和趋光性

绝　　技：能分泌一种难闻的有毒液体来对付敌人

武　　器：螯针和强有力的大颚

好斗的猎手

首先，让我们来认识认识天生好斗的步甲家族。

这些侩子手天性愚钝，但外表看上去相貌堂堂，有的穿着黄铜色或金色的齐膝外套，有的身着一袭黑衣，衣裳外边缘还带着一层亮晶晶的紫色外壳，一双有着凹凸斑点的小翅膀俨然成了护胸的盔甲。

虽然它们身材苗条、腰肢柔软、容颜俊美，可骨子里却是一个可怕的侩子手，这点我们从它们的行为中很容易就能看出来。下面，就让我们一起来观察观察步甲虫吧。

为了能更好地观察它们，首先我们需要准备一个笼子，并在笼子底部铺上一层新鲜的细沙。接着，我们还要找来几块陶瓷碎片，让它扮演石头的角色；最后，我们再在笼子中央铺上一丛细草，一个舒服的居所就做成了。

一只身穿黄铜色齐膝外衣的步甲惬意地躺在洞穴口，静静等待着猎物的出现。

我的笼子里关着三种不同的步甲虫。一种是金步甲，它们长期居住在此；一种是高大强壮的高丽亚绥斯黑步甲，它们身体暗黑，常常潜伏在野草蔓生的矮树丛中，叫人难以招架；一种是有着乌黑鞘翅的紫红步甲，这种罕见的昆虫漂亮极了，一双翅膀闪着金属般的紫色光泽。

我用去掉甲壳的蜗牛来喂养它们。刚开始，它们只是蜷缩在陶瓷碎片下，并不敢冒然采取行动。渐渐地，在本能的驱使下，它们慢慢向蜗牛靠近。受惊的蜗牛急忙将刚刚伸出的触角缩了回去。这下子，步甲们全都涌了上来，争相将蜗牛钙质膜上的下垂肉体吃了个干净，又用自己上颚那坚硬的钳子用力扒下蜗牛涎沫中的碎肉，拖到一边慢慢享受这难得的美味。

这些家伙看起来饿极了。一只步甲急匆匆地向前，爪子上沾满了湿润的细沙，脚步显得有些沉重，可它显然顾不上这么多了，只记挂着前方的美食，以致不小心重重跌进了泥坑。它从泥坑中爬起来，跌跌撞撞地回到蜗牛身边，继续去撕扯另一块肉。而周围的另一些步甲，全然不顾沾满全身的蜗牛涎沫，继续狼吞虎咽着美味。

它们就这样暴食了几小时，直到肚子吃得圆鼓鼓的，才意犹未尽地慢慢离开。此时翅膀已经因为鼓起的肚子翘起来了，尾巴根也已经全部暴露出来。

高丽亚绥斯黑步甲喜欢隐藏在隐蔽的角落里，安安静静地享受美食。这些独来独往的家伙习惯将蜗牛拖进铺着陶瓷碎片的居所里，耐心地将它肢解掉。不过，它们更喜欢没有甲壳的软体动物，比如蛞蝓。

相比之下，金步甲就大胆多了。我故意饿了一只金步甲很多天，然后取来一只活动的松树鳃角金龟放在它面前，想看看它面对这个体型巨大的金龟会作何反应。金步甲蠢蠢欲动，一会儿上前，一会儿又退回来，试图找到进攻的最佳时机。几个回合之后，硕大的金龟还是被狡诈的金步甲打翻在地，无法动弹。这时才是金步甲大展身手之际。只见它顺势压倒在鳃角金龟身上，开始撕扯起来，骄傲地享用着胜利的果实。

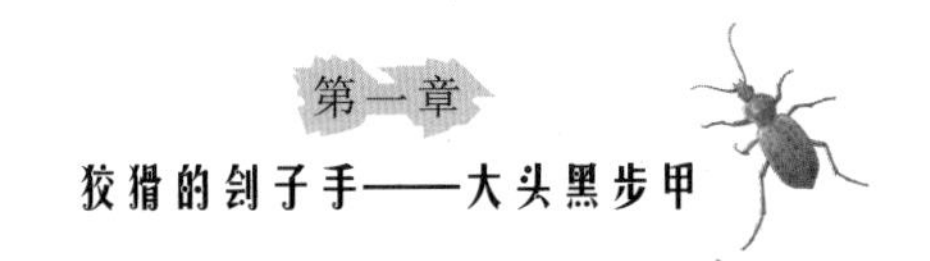

第一章

狡猾的刽子手——大头黑步甲

步甲虫长相俊美，外壳常常带有金属光泽，喜欢爬行在潮湿的沙土上或者靠近水源的地方。

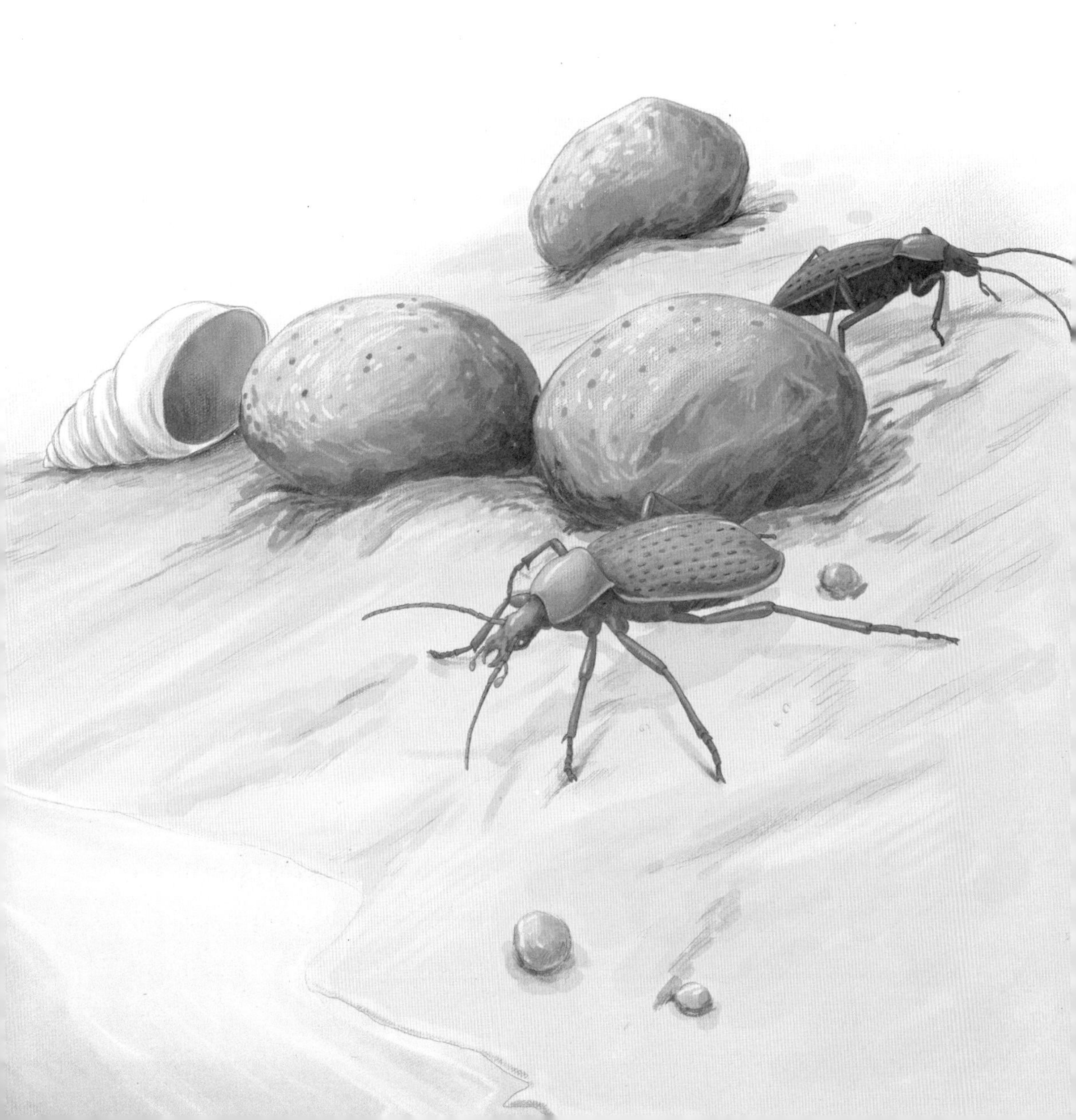

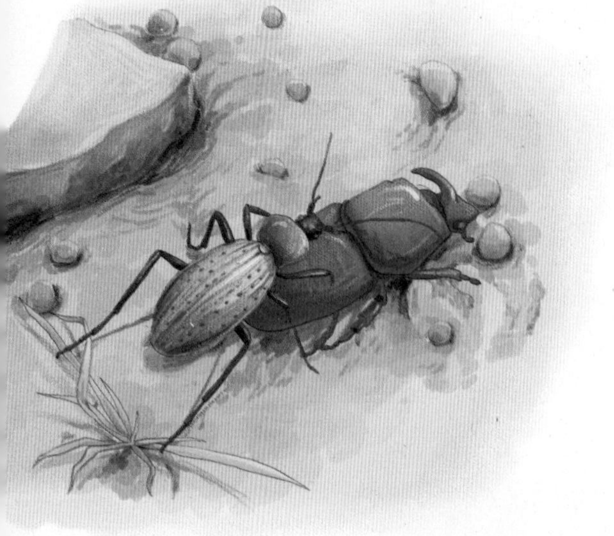

凶猛的金步甲快速地撬开了猎物葡萄根蛀犀金龟那坚硬的护胸甲，一头钻了进去。

那么，它们遇到一些更强大的猎物时会怎么样呢？我找来一只强壮的葡萄根蛀犀金龟，想看看金步甲会采取什么行动。只见金步甲丝毫没有惧怕，它步步紧逼，在对手翘起护甲的那一瞬，立刻钻进它的身体里，狠狠地切掉葡萄根蛀犀金龟的皮，就这么致命一击，对手就一命呜呼了。

广宥步甲在捕捉大孔雀蛾幼虫时，场面将会更加残暴。这种身材魁梧的肉食类昆虫，它们长相俊美，衣着华丽，可以称得上是步甲虫中的王子，可它也天生是一名凶残的猎手，所经历的那些捕食搏斗让人看来胆战心惊。

大孔雀蛾幼虫在受到攻击后，拼命扭动身躯，努力将对手扳倒。可广宥步甲哪有那么好对付？它牢牢抓着幼虫的身子，绝不放手，一边还津津有味地吸食着幼虫伤口处流淌出的肥美汁液，场面极其残忍。

次日，我又找了些蛔蛔和蠡斯扔给它，这家伙也将它们解决得干干净净，甚至连同居一个巢穴的松树鳃金龟和葡萄根蛀犀金龟也惨遭毒手。它比别的任何昆虫都更加了解有鞘翅护胸的这些猎物的软肋，就算给它再多的虫子，这家伙也会欣然接受，不停猎捕。

步甲虫在与猎物厮杀的过程中，会释放出一种具有腐蚀性的汁液，这种汁液散发着刺鼻的硝烟味。每种步甲释放的气味都不尽相同，高丽亚绥斯黑步甲释放的汁液带有酸性味道，而告密广宥步甲释放的汁液则带有刺鼻的怪味。

相比释放特殊气味液体的虫子，还有的虫子会利用爆炸物燃烧来对付对手。它们都擅长制造腐蚀性液体，并且天性好斗，就连幼虫也毫不胆怯。为了很好地观察它们的习性，我才不得不同这些残酷的家伙打交道。

有的时候我们还会遇见这种情形：某只虫子看上去一动不动，刚要被人用手抓起，却又迅速地掉到了地上。自然而然地，抓它的人会以为它死掉了。但是我要告诉你的是，它这是在装死。或许它只是意外弄伤了翅膀的薄膜，来不及逃走，索性掉下来假死，想要骗过敌人，以此躲过一劫。当然，天敌也不是那么愚蠢，特别是一些鸟类，它们是不会因为虫子一动不动就放弃这到口的美味，不管是真是假，鸟儿们都要亲口试一试。

一只步甲紧紧盯着面前的猎物，将身体弯向前部的短爪，缩成弓形，做出一副随时准备进攻的姿势。

为什么虫子们会想到假死呢？这究竟是什么原因呢？我想通过试验解决这个困惑，但是我该如何做呢？

我想起40年前，那时候我还在上大学，有一次从图卢兹回家的时候，去了趟塞特海边的植物区。当时，干燥的海滩上出现了一条条明显的痕迹。我跟着这些痕迹一直寻到终点，挖开泥沙，在里面发现了一种十分漂亮的大头黑步甲。我把它们抓起放在地上，果然，它们爬出去的痕迹跟之前的一模一样。这种大头黑步甲受到惊扰会马上仰卧在地，长时间地一动不动，就跟死了似的。对这点，我记忆犹新。如今，我要研究昆虫的假死现象，第一个就想到了这种大头黑步甲。

得知我需要用到这种黑步甲，一位好友专程为我送来了12只大头黑步甲。这些黑步甲来自塞特海边。一同被送来的还有黑绒金龟，只是这些金龟已经被吃得七零八落，几乎没有几只完整的了。在从塞特海过来的途中，黑步甲将它们当成了美食。

黑绒金龟也有强劲的盔甲作为防御，只是这些由鞘翅粘连起来的鞘翅丝毫斗不过黑步甲有劲的大钳子，在它们面前显得那么脆弱。沿海的这些虫子中，黑步甲应该是最为粗暴的了，它们那双有力的大颚就是最好的进攻武器。除了鹿角锹甲，应该再找不到谁能对付黑步甲了。

凶残的黑步甲对环境十分警惕。我把黑步甲放在桌上，它立刻感觉到有外敌侵扰的危险，迅速把身子弯起，靠近前面的短爪，做出一副准备攻击的模样。它那弯起的身子紧紧缩着，像是快要断掉了一样；脑袋在进攻中呈倒梨型，变得无比硕大；下颚也夸张地张开着，完全是一副时刻准备战斗的模样。

我将一部分外来虫子安置在金属钟形网罩中，另一部分则安置在一只短颈大口瓶中。当我往器皿中铺上细沙后，虫子们纷纷挖起洞来。它们弯下脑袋，刨土、翻土、挖土，用带钩的前爪将挖好的土聚成一堆。抛出的沙土便堆成了一个小沙丘，洞越刨越深，很快就伸到了瓶底。

黑步甲觉得巢穴足够深了，便会停止刨土，继而开始装饰巢穴内部，

朝水平方向推土，大约向前推了 30 厘米才停下来。我隔着玻璃看到了整个过程。为了让这些虫子继续安心工作，我在器皿上放下了一个不透明罩子，如此便能挡住令虫子们讨厌的光线，好让它们一心一意筑巢。

再来看看修建好的巢穴，整个进口呈漏斗形，形成了一个弯弯曲曲的倾斜状深坑；洞内蜿蜒深入，内壁上也干净得没有一丝碎屑，连接着一个平坦的内室。整个巢穴修建好后，黑步甲就会来到洞口，半张着前爪，静静地守候猎物的到来。

我找来了一只蝉放在洞口。蝉的动弹立刻引起了黑步甲的注意，让它一下变得兴奋起来。只见它立即摇动着触须，慢慢地爬向洞口，迅速扑向了出现在视野中的蝉。很快，蝉就被黑步甲控制住，被带进了漏斗样的洞中。洞越往里越狭窄，慢慢地，蝉被黑步甲拖得精疲力尽，那无尽蜿蜒的小洞也让蝉无法动弹。进入洞穴后，黑步甲放下毫无反击能力的蝉，再次回到洞口，用泥土堵住洞口。这样一来，它便可以安静地独自享用美食了。直到消灭掉整个蝉，又一次感觉到饥饿时，步甲才又把洞口刨开，等待下一只猎物的出现。

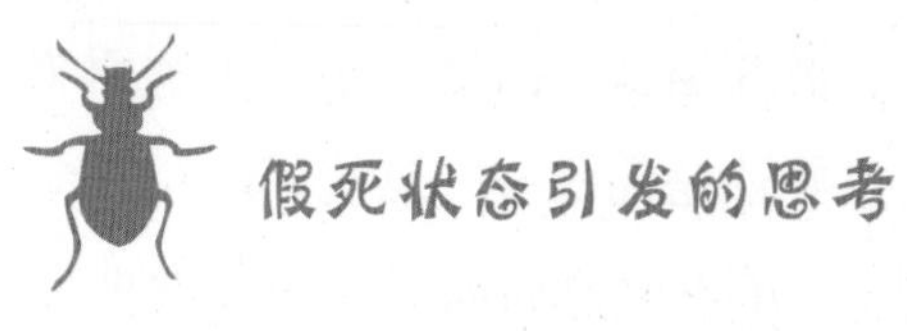

假死状态引发的思考

要想研究昆虫的假死现象，凶残而大胆的黑步甲堪称首选。

只需要轻轻转动它，或是让它从不高的地方摔下几次，黑步甲就会躺在地上一动不动，看上去就跟死了似的。而且它还可以一直保持这个状态接近一个小时，甚至超过一个小时。我拿来一只步甲进行了观察，通过不断试验来推测它装死的维持时间，最后发现，最长的一次它伪装了一个多小时，但通常情况下伪装时间在20分钟左右。

此时正值夏季，天气炎热，常有苍蝇光临，我不得不用一只玻璃罩

由于受到苍蝇的干扰，一只处于昏睡中的黑步甲提前醒了过来，不断摆动着自己的爪子，准备溜之大吉了。

罩住了这只黑步甲，免得它在伪装过程中遭受袭击。黑步甲始终保持一动不动的状态，全身各个部位都静止下来，包括触角、触须、跗节，全都纹丝不动。最后，随着跗节的微微颤抖，它才慢慢醒过来，接着触角和触须也左右摇摆起来。在爪子不断摇摆的同时，它暗暗将身体蜷缩成肘形，支撑着身子和头部，转身看看周围的动静，接着便一溜烟地跑掉了。如果我在它逃掉之前要对它实施休克手法，它又立马进入假死状态，模式切换得如此自然。

如果我又让它摔下或是转动，刚刚还精力充沛的黑步甲立刻又会倒地装死，甚至这次“死”的时间更长。经过几次反复试验，我得知，它的装死时间会持续得越来越久，可以从先前的15分钟延续到最后的1小时。

这是一种战术吗？为了将敌人要得团团转，弄得疲惫不堪？我还不敢过早地妄下结论，不过，我倒是可以用一种机智的办法来拆穿它，看看它是否真的在实施骗术。

我将黑步甲放在桌面上，让它无法挖开身下坚硬的木质表皮而逃脱。它一动不动，看上去又在装死。如果它不是身在桌面上，而是在柔软的沙

一只黑步甲躺在木质的桌面上，纹丝不动地朝天躺着，看上去真像已经死了。

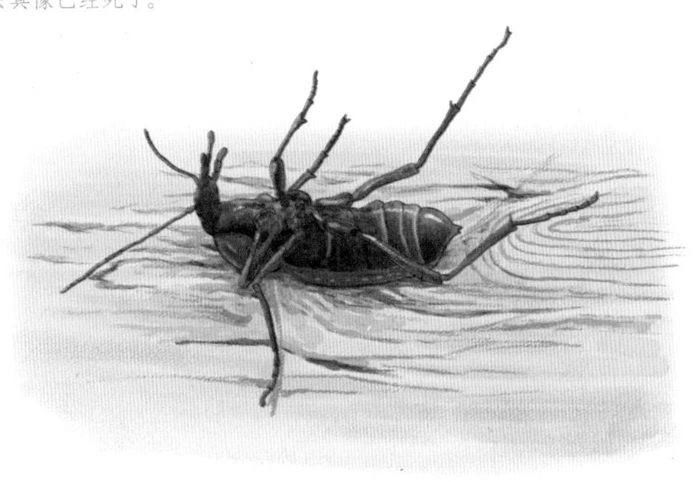

土中，它还会装死吗？或者是寻求逃脱的办法？我想错了，它依然还是一动不动，不管是倒在木头上还是玻璃或是沙土中，假死的时间也基本是一样长的。这就证明假死并不是它在没办法逃脱的时候才选择的一种计谋，这确实就是一种现象。

通过上面的实验我们证明了，黑步甲假死时确实不在意身处何地。接下来，我们再来进行下一步的实验。我把黑步甲放在桌上，刚开始我们四目交接时，它一动不动注视着我，也许是发现我这个外敌，所以不敢轻举妄动了吧。那我离开吧，少了外敌，它应该会赶紧逃离吧。于是我又远远地躲在大厅的一边，悄悄地注意着这只黑步甲。玻璃罩里的黑步甲还是在那里一动不动。难不成它还能感觉到我的存在吗？那我走得更远些吧。我完全走了出来，在屋外足足待了20分钟，甚至40分钟之久。当我再回到屋子里时，我发现那家伙还是一动不动地待在那里。我做了许多次试验，发现它始终是在原地保持不动，这可不是为了欺骗外敌做的掩护。

海滩上已经没有能与黑步甲对抗的昆虫了。它浑身的刺激性气味也让其他鸟类无法靠近。白天呢，黑步甲蜷缩在自己修建的洞穴中，到了晚间才出来活动。虽然没有任何外界的威胁，黑步甲也稍有动静便毫不动弹地进入“死亡”状态。

这可不符合它好斗的本性。我找来一只苍蝇来刺激它。

苍蝇用它的爪子轻轻地碰了碰黑步甲，这时黑步甲触电似的颤抖起来。眼看苍蝇开始动嘴巴咬，狡猾的黑步甲却转过身飞奔跑了。我把苍蝇换成了强壮肥大的天牛，情况也如此，当天牛的触角碰到黑步甲时，黑步甲的爪子开始颤抖起来。等到天牛准备进攻时，黑步甲又赶紧“苏醒”过来，飞速逃跑了。

接下来，我用硬物去触碰桌子角，并且尽量使震幅变小，只让被触碰到的物体内部产生颤动即可，这样就不会打扰到正在“熟睡”的虫子。我观察到，这只虫子的趾节会随着震动颤抖和弯曲。

假死现象和光有没有关系呢？为了弄清这个问题，我将一只假死的

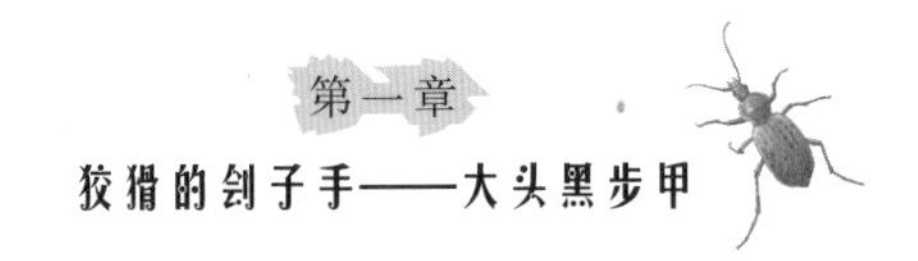

黑步甲移到了阳光强烈之处，结果一接触到强光，它便马上转醒，溜之大吉了。

通过这些试验，黑步甲的秘密正在逐一被揭开。

无论是苍蝇、天牛或是撞击，甚至是强烈的阳光，当这一切对黑步甲构成威胁的时候，黑步甲不会单单选择假死。一旦外敌开始进行下一步致命袭击的时候，狡猾的黑步甲会立刻“醒”过来，逃之夭夭。

上面的试验足以证明黑步甲的假死现象并不是装出来的，这一切都源于它那过于脆弱的神经系统。脆弱的神经系统导致它只要经受一点点风吹草动，就会马上被暂时性麻醉，进入暂时的昏沉状态。而这种昏沉状态又只需要一丁点动静就能被刺激，让它苏醒过来。

类似黑步甲这样可以“假死”的昆虫还有黑吉丁。它们也会像黑步甲那样稍有动静立刻蜷缩起来一动不动，“死亡”长达1小时。

黑吉丁在拉丁语中又叫粉吉丁，它是山楂树和杏树最好的朋友。我用不同的黑吉丁反复做过试验，得到的结果和黑步甲差不多。不过黑吉丁对光照的反应比黑步甲更大，在光照下它们会迅速苏醒过来。它们这种对温度的过度敏感让我产生了一个新的想法：如果它们装死时环境变得过于寒冷，它们会怎么办呢？

为了证明这一点，我把它小心翼翼地放在低于常温的井水中。果然，这家伙足足“死”去了5个小时。天啊，居然有5小时。这就完全不是在欺骗敌手了。

我也把大头黑步甲如此放在冰冷的井水中，但它的假死时间却从没超过50分钟。看来黑步甲并不惧怕低温环境。是不是我的方法不对呢？我打开一只大口瓶，放了一些粪金龟和一只粉吉丁进去，同时往瓶内滴了几滴乙醚。随着乙醚的蒸发，虫子们渐渐昏睡过去，一动也不动。随后我赶紧把它们取出来，放它们静静仰卧在露天的环境里。吉丁将爪子折叠起，紧紧靠在胸腹前，而粪金龟的爪子横七竖八地伸着，整个身体看上去十分僵硬。就连我也分不清楚，它们到底是活着还是死了。

其实它们并没有死。受到外物撞击的影响或者其他骚动声的影响时，

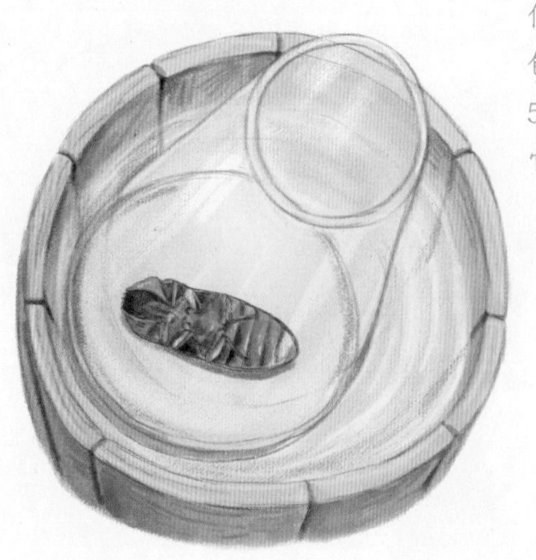

仰面躺在玻璃瓶中的吉丁因为被水包围而感觉十分凉爽，它已经整整5小时纹丝未动了，这里的低温使它的昏睡时间延长了。

它们依然会做出反应。大约过了 2 分钟，粪金龟脚上的跗节开始轻微地颤抖起来，触须也跟着颤抖开，触角则无力地摆动着。接着，它的前爪也开始颤抖了，又过了大约 15 分钟，它全身彻底活动开了，重新活蹦乱跳了起来。1 小时后，吉丁以相同的方式“苏醒”了。

相比吉丁假死 1 小时，粪金龟却只假死了短短的 2 分钟。这是为什么呢？这么短的时间足以迷惑外敌吗？况且它还没有强硬的外壳呀。

再想想其他与吉丁身体结构类似的昆虫，它们会不会也这样长时间地静止不动？

一个偶然的机会，我找到了自己需要的亮丽吉丁和九点吉丁。我用与前面同样的方式来摆弄它们。九点吉丁很快就一动不动，但是再看看亮丽吉丁，它却是调皮得很，不管我怎么摆弄，它始终顽强抵抗，根本停不下来，哪怕是像九点吉丁那样，只是静止 5 分钟呢，但这显然是不可能的。

再来看看杨树叶甲，我曾在附近山丘的碎石堆下观察过杨树叶甲，发现这家伙既可以静止超过 1 小时，也可以快速地苏醒过来，只是短暂地静止几分钟，这又是为什么呢？难道就因为它们也是步甲科昆虫？

躲在碎石堆下的杨树叶甲虫可以静止不动超过 1 小时，也能在短短几分钟内就醒过来，是不是很神奇呢。

为此，我找来不同科别的昆虫进行调查，有叶甲科、葬尸甲科、方喙象科以及盔球角粪金龟科，还有瓢虫科等多类昆虫，对它们进行了逐一调查，结果发现它们几乎都只能静止几分钟，有的甚至只能静止几秒钟。

鞘翅目昆虫中能够步行逃跑的跟上面这些昆虫差不多，只能短暂静止一小会儿，大多数时候则是活蹦乱跳的，不能轻易被制服。我想，没有哪本书能肯定地预测说："有些昆虫天生容易装死，有些总是犹豫不决，而还有一些断不会这样做。"

伪装还是本能

就像人们不能模仿自己不熟悉的人那样，昆虫如果要装死，怎么也得对死有些了解。可是，昆虫们真的能思考生死的问题吗？它们会对何时死亡有想法吗？

我不断进行试验，希望能找到些许答案，但是结果却不尽如人意。

对生命的惶恐不安既是人类的苦痛，同时也是拥有高级生命的人类的伟大。昆虫们是无法理解这种感情的。它们只会关注生存，从不会思考未来。就算是人类，在幼年时也未必能深刻感悟"死亡"的含义，又何况是昆虫呢？这些小虫子真能知道有死亡这回事吗？

就让试验来回答我们的疑问吧。首先，我们来看看火鸡这个诚实的动物是否能感知死亡。

提到火鸡，我又想起了自己那短暂的游学经历。复活节前的几周里，我们提前完成了作业，闲来无事，便结伴外出游玩。在野外，我们遇到了成群的野鸡，将它们当成了很好的消遣对象。我们抓着火鸡肆意玩要，来回摇晃这些可怜的家伙，直到它们再无力气反抗，一动不动地侧卧在草地上。就这样，整个草地上卧满了奄奄一息的火鸡，仿佛一个杀气腾腾的屠宰场。火鸡的咯咯求救声引来了养鸡的姑娘，她生气地拿起杆子追赶恶作剧的我火鸡原产于美国和墨西哥，通常头部羽毛稀少，喉咙下有着红色的肉瓣，背部隆起，喜欢栖息在水边林地中。受到外部剧烈干扰时，火鸡也会出现假死现象。

们。见此情景，我们迅速地逃跑了，一边跑还一边发出得意的笑声。这些有关火鸡的回忆现在依然常常浮现在我眼前，仿佛是昨天刚刚发生似的。

言归正传，我们还是来看看我找来的火鸡吧。我将火鸡的头放进它宽大的翅膀里，用手让它一直保持这个姿势，再来回晃动了它将近2分钟，发现它已经慢慢侧卧在地上，没有了一丝生气。如果不是它的翅膀还在轻轻起伏晃动，我真的会以为它已经死了。我摸了摸它的爪子，发现它凉冰冰的，仿佛已经死去了，不禁有些怀疑，它难道真的死了？

当然不是。很快，火鸡摇晃着身子慢慢爬起来，刚刚还低垂的尾巴一下恢复了原来的样子。它“活”过来了！不过这种昏昏沉沉的状态的持续时间却不尽相同，有时候长达半个小时，有时候却又不过几分钟而已。怎么会有如此大的区别呢？

我想一探究竟，于是又找来了珠鸡做试验。试验开始了，珠鸡也这样昏死过去，甚至连羽毛都没有颤动，好像已经停止了呼吸。看着它那毫无动静的身体，我有些担忧，害怕它是真死了，于是用脚去碰了碰它。

刚开始，它是毫无反应的，当我再用脚去碰它的时候，珠鸡伸出了头，向四周探了探，随即站起来，略微调整了下自己的姿势，最后跑开了。令我吃惊的是，珠鸡居然可以“昏死”半小时。

我又找来一只鹅进行试验，这只鹅是我邻居的。鹅刚被带来时，身体摇晃着，嘶哑地叫着，声音响彻了整个寓所。不过没过多久，鹅就不叫了。它静静地躺在地上，头插在翅膀里，模样和先前的火鸡、珠鸡完全一样。

我又找来了母鸡和鸭子继续上面的试验，发现情况也都差不多，只不过身体越大的动物昏睡的时间越久一些，难道我的这种办法对身材娇小的动物不起效？为了弄清这个问题，我又找来了更小的鸽子，发现它只能坚持2分钟；随后我又用雏鸟和翠雀做了试验，发现这些个头娇小的家伙们只能坚持几秒。

通过这些试验，我得出了一个结论：个头越小、动作越灵敏的动物昏睡的时间越短。这个规律也同样适用于昆虫。个头巨大的大头黑步甲甚至可以昏睡一小时，而矮小的光滑黑步甲却对我的摆弄毫无反应。大粉吉丁无法抗拒我的折磨，可亮丽吉丁却毫不害怕。

我们暂且先不说那些大个子的动物，先来看看小巧的禽鸟吧，有一种技巧能帮助我们催眠这些小小的鸟儿。

体型娇小的小鸟昏睡的时间很短暂，有的只有一两分钟，有的甚至只有几秒。

那些鹅，火鸡，还有其他的禽鸟，它们才不会想到要去用假死来骗过敌人，它们是真的陷入了一种迟钝麻木的状态中，就像被催眠了一般。

相信大家对催眠术都不陌生。也许催眠术要比催眠术科学或者人工睡眠科学还要更早被人熟知。火鸡的昏睡秘密当然不是当时还是孩子的我们所能了解的，也没有哪本书能告诉我们这些道理。我们无从知晓这个奥秘，于是它就像其他成为孩童游戏的奥秘一般，一代代流传了下来。

直到现在，这种游戏还一直存在。我们居住的塞里昂村子，年轻人都会催眠禽鸟这门技术。有时候科学就是这么微不可见，谁也无法料到，孩子们玩弄火鸡的游戏，竟然催生了催眠术的诞生。

我又像儿时一般摆弄了我的昆虫一番，行为如同当年一般幼稚可笑。但现在，一个严肃的问题出现了。

昆虫与禽鸟在昏睡时的情形是一模一样的。在昏睡的时候，它们都有肢体抽搐的行为，都会因为外界事物的刺激而提前醒来。不同的是，影响它们的外界刺激物不一样，昆虫受到光线的干扰，而鸟类会受到声音的干扰。安静、昏暗的环境会使动物的昏睡状态持续更长时间。另外，身体越是庞大、体重越重的动物，昏睡的时间会越长。

并非所有昆虫都能顺利进入昏睡状态。始终抵抗我的摆弄不屈服的，或者是只是昏睡极其短暂时间的昆虫数不胜数。因此，我们要研究动物的假死，必须要选择合适的对象，大头黑步甲和粉吉丁就是不错的选择。

昆虫从假死状态中苏醒过来，这一过程中有许多地方值得我们细细研究。上面我们曾做过一个含醚蒸气的试验。待在试管中的粪金龟和粉吉丁无法从弥漫着乙醚的空气中苏醒过来，处于呆滞状态，这时如果我们不能及时将它们取出来，它们很可能真的无法苏醒，真正死掉。

我们人类从睡眠中苏醒过来时，会打着哈欠，伸着懒腰，一点点醒来，而当这些昆虫从假死状态中慢慢苏醒过来时，首先它们脚上的跗节会发生轻微的颤抖，进而触须也开始颤动，触角开始不停摇摆起来。它们通过摇摆自己的细小肢节，从而引发全身器官的活跃。

我们可以再拿一只昆虫来观察一下，看看是不是如此。事实证明，虫子们苏醒的时候，先是跗节会微微发抖，接着唇须和触角都慢慢地摇摆。那么这些细微的动作有什么特殊含义呢，它们为什么不直接迅速地苏醒过来逃离危险呢？这到底是为什么呢？如果人类在遇到一只野兽后假死，那么绝对会在野兽离开后的第一时间马上爬起来，迅速逃离现场，绝不会像平时从睡梦中苏醒中一样，还得先伸伸胳膊、揉揉眼睛。

有人或许会说，这只昆虫是何等狡猾啊，它甚至在复活时也要先伪装一番。事实上，它们跗节和触须的颤动、触角的摇摆无不在说明一个道理，这些虫子并非在假死，此前它们的确进入了一种真正的昏迷状态，就像被乙醚迷倒了一样，只是情况还没有那么严重而已。这些被我摆弄得进入昏睡状态的昆虫，它们并不像人们所以为的那样，是在装死，而是实实在在地被催眠了，进入了昏睡状态。

在外力的刺激下，受到惊吓的昆虫进入了昏睡状态，就像将头埋在翅膀下的禽鸟一样。对于人类来说，突如其来的恐惧会将人的精神压垮，甚至使人瘫痪。昆虫为什么没有因为过度的恐惧而被压垮，只是暂时昏迷了呢？

况且，昆虫连死亡是什么都不知道呢，又怎么会去装死？它也完全不知道可以通过自杀来结束厄运。的确，有些情感丰富的动物会因为受到过度打击或者悲伤过度而体力下降，但这跟自杀完全是两码事。

这使我想起了蝎子自杀的说法，据说蝎子在被大火重重包围无法脱身的时候，会用有毒的蛰针刺伤自己，做这种自残的行为。但这种说法真的可信吗？

为了弄清楚这种说法是否真实可信，我决定亲自做试验来观察。我找来一个硕大的瓦钵，在里面铺上了一层细沙，又放了一些陶瓷碎片作“岩石”，营造了一个舒适的蝎子之家。我将自己捉来的24只粗大南方蝎子放进去，接着开始我的试验。

我专门从中挑了两只看上去最强壮的，将它们面对面放在短颈大口瓶的底部沙地上，让它们互相对峙着。只要其中一方稍有退缩，我就马上用杆子将它们挑逗回来，让它们一直维持着面对面的状态。

我的挑逗成功惹怒了两只蝎子，它们都将怒火发泄到了对方身上，一场厮杀马上就要开始了。它们都展开了那令人恐惧的大螯，整个身子变成了半圆形，以便有助于在一段距离之外就抓住对方。这时，它们慢慢松开尾巴，从背部往前伸去，开始了搏斗。透过透明的瓶身，我能清晰看见它们螯牙间形成的透明水珠状毒液。不一会儿，一只蝎子便被另一只蝎子的螯刺中，倒了下去。

这只倒下的蝎子无疑马上就要丧命了，它会自杀吗?

我又找来另外一只身形强壮的蝎子，把它放在熊熊燃烧的炭火中心。此时炭火的高温已经到了白热的程度，蝎子因为高温的原因一边后退一边打转。在倒退中它又碰到了火苗，烧伤的剧痛使得它开始惊慌失措，在反复前进与后退中终于开始愤怒了。它开始摇摆自己那弯曲的尾巴，就像拿起一把尖锐的武器。因为它实在是太慌乱了，我无法看清它到底是如何反应的。

这个时候，它只要用自己的毒螯针刺一下自己，就能从这种巨痛中解脱出来。突然间，这只蝎子抽搐了一下，接着就直挺挺地躺着，一动不动了。看起来它是死了。难道它真的死了吗？我还没来得及看清楚，它在

两只强壮的蝎子张开巨大的钳子，怒视着对方，究竟谁能胜出呢?

被烈火炙烤的蝎子一动不动地躺在地上，了无生机，像遭到雷击那样摊开肢爪横躺着。

这之前前究竟有没有刺伤自己呢。不过我可以确定一点，如果它真的刺伤了自己，那它一定真的死了。

我迫不及待地把它夹出来，静静地等待着事情的转机。果然，过了1小时以后，这只蝎子苏醒了，就像什么也没有发生一样。

我又进行了几次这样的试验，结果都是如此。它们在最后还是一样会苏醒过来。这就否定了虫子们会自杀这个说法。除了我们有感情存在的人类，其他任何生命也不会想到自杀。这一点也再次证明了，人类和动物是有着本质区别的。

生命对于任何生物来说都是神圣而珍贵的，都值得我们严肃认真地对待。我们不能因为生命过程中的一点挫折或困难，就要轻言放弃。既然我们拥有了生命，就要扛起生命赋予我们的责任和义务，去竭尽全力完成好自己的一生，因为挫折而放弃自己生命的行为，是一种多么愚不可及的事啊。地位卑微的昆虫虽然从不会思考生命的问题，但它们出于本能，却是最忠于生命和尊重生命的。它们说："请相信，本能是永不会背叛自己的承诺的。"

第二章

蓟草上的建筑家

——色斑菊花象

昆虫档案

昆虫名字：色斑菊花象

英 文 名：Chrysanthemum as stain

绰　　号：蓟草歼灭者

生活习性：每年六月开始迁徙，在蓝刺头上建立家庭，将卵产在花托上；九月份时离开居所，去温暖的地方过冬；幼虫以植物的汁液为食

绝　　技：将脱离的小花原样粘在花托上

武　　器：大颚

刺球上的建筑家

如果要根据特点来为昆虫命名，这确实是一件不容易的事儿。所以色斑菊花象这个名字，又有什么意义呢？

Apivoc在希腊文中有肥胖的意思。可肥胖并不能代表昆虫的个性呀，昆虫界中未必没有比它更肥胖的象虫了。Appaoc是"美丽、漂亮"的意思，可比它更美丽的昆虫也比比皆是呀，比如吻管鞘翅目昆虫。

如果换种方法，以昆虫的习性来取名，则应该称呼它们为朝鲜蓟花托的热爱者。因为色斑菊花象会把家安在在菊花类植物的花盘中，比如蓟草、飞廉、矢车菊、刺菜蓟等。

飞廉的玫瑰形绒球常常是一些长喙昆虫的活动场所，它们会钻到小花堆里。如果你把玫瑰形绒球的底部剖开，就会看到一些左右摇摆的白色蠕虫，这就是色斑菊花象，每一朵花盘中都只会居住着一只单独的色斑菊花象。

色斑菊花象是蓟草的天敌。蓟草常常开在路边，每年的6～12月，色斑菊花象常常会选择在蓝刺头上活动，它们世世代代都习惯活动在蓝刺头上。色斑菊花象有一个规律，就是在每年的6月之前，背部带着一片黄色粉末的色斑菊花象，会在2～3周以内，迁移到蓝色刺球上。

我选择色斑菊花象作为试验对象，现在它们正在金属网钟形罩里晒着太阳，互相求爱呢。雄性色斑菊花象用前爪抓住它的配偶，后爪的跗节还不时地摩擦着爱人的侧面，雌虫则忙着用嘴加工头状花序，为产卵做好准备。

另一边，一对色斑菊花象则刚刚分开，此时，雄虫已经跑到身后的树叶上啃食树叶，并小心地留出蓝色的叶尖，因为这是给幼虫准备的。雌虫则留在远处，将喙伸进小花组成的圆球中。它用大颚去钻，用喙去挖，

色斑菊花象喜欢把家安在菊花类植物的花盘中，蓟草、飞廉、矢车菊、刺菜蓟都是它的不错选择。

从底部托起头状花序的小花，随后又将它们放到了原处。

整个挖掘大约会持续15分钟。接着，它便将卵产在那个竖坑里。色斑菊花象非常谨慎，它装了一把引导尖头桩在产卵箱内，这根几乎看不见的硬管是用来备用的。

色斑菊花象的喙看起来有些奇怪，但又是不可缺少的，因为这是雌性色斑菊花象表达爱的工具。喙是色斑菊花象很特别的一个工具，上面有着大颚和嘴的部件，它的一个重要功能是进食，另一个重要功能就是配合输卵管工作，做好产卵的准备工作。雄性色斑菊花象虽也有喙，但是要小很多。

色斑菊花象会对身体上的工具进行分工，在前的工具是产卵管，而隐藏在后面的工具则是导向管，产卵时就会被释放出来。除了象虫，不知道还有没有别的昆虫具有这种神奇的工具。

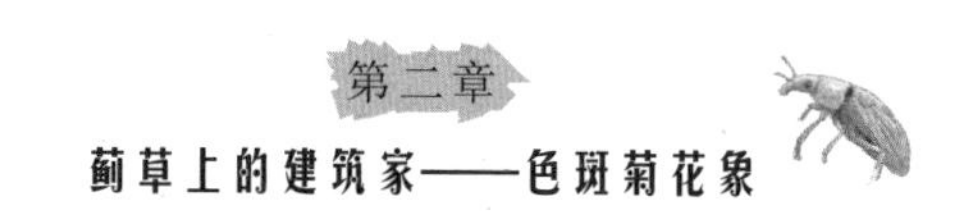

色斑菊花象将产卵的前期工作做得很充足，所以它们很快就能将卵安置好。之后，雌虫回到花冠上，压紧好茎梗后就离开了。有时候，它们甚至连这些预防工作也不做。

过了几小时，我再去观察那些头状花序。花序上有一些微微突出的褪色斑点，这些斑点就是虫卵的藏身之所。我取出这些褪色的花团，打开它们之后，在底部发现一间圆形的屋子，这里放置着椭圆形的黄色虫卵。

圆形小室位于花序的花托上，而卵被来自母体的伤口渗出物包裹着。包裹物的上身是不规则的锥形；末端则是头状花序的干燥小花。一般来说，在花簇的中间有一个用于通风的洞口。

每个斑点上都放着一个卵，可是否所有的卵都来自同一个雌性色斑菊花象呢？可能未必，我发现，同一个花球上也常常有两个雌菊花象在产卵，所以这些卵极有可能来自不同的雌虫。

色斑菊花象是蓟草的天敌。蓟草常常开在路边，每年的6～12月，色斑菊花象常常会选择在它蓝色的刺头上活动。

由于产卵的前期工作准备得很充分，色斑菊花象很快就将卵安置好了，接着它回到花冠中，压紧好茎梗后就离开了。

一般而言，小虫孵化出来需要1周的时间。刚孵出来的小虫吃些什么呢？如果你打开一个头状花序，会发现它的中央有一个小球，就在小柱的末端。

给幼虫准备的食物很少，留给变态期的食物就更少了，它们注定要度过一个难熬的成长期。

刚孵化的小虫食物很少，蓝色蓟草提供的食物只能供给3只虫子，因此那些迟些孵化出的小虫就会因为缺少食物而死去。在小球上，3只先孵化出的虫子找到了生长所需的食物。它们小心翼翼地啃咬，小球被啃咬干净，却没有被完全消耗掉。

如此少量的物质却制造出了如此大量的食物，这实在令人难以相信。这是不是意味着其中另有奥秘？

我曾将花球和幼虫一起放置于一个玻璃试管中，用来观察幼虫的进食。我没有看见幼虫啃咬已有缺口的小球和轴茎。它们似乎并不喜爱这些食物，最多只是用嘴接触片刻就走开了，很明显，这些食物并不适合食用。

我还曾经试图将试管用湿的棉花堵住，将蓝刺头放进去以保持新鲜。不过，这一次我还是徒劳无功。盛放昆虫的容器，我换了很多个，试管、短颈大日饼、白铁盒子，可是都没有用！当头状花从植物上分离之后，幼虫就会因缺食物而死。

幼虫出生之后会围着轴茎待着，每只幼虫用大颚咬掉嘴边的茎皮，吸吮轴茎的营养汁液，轴茎结痂之后，幼虫们就会重新咬破新的伤口。

幼虫们咬轴茎非常之小心，因为一不小心就会咬到花托和花柱，这些围栏一旦受损，住宅就有可能会崩塌。而且，作为引水渠的轴茎也十分重要，所以这些幼虫从不向前啃咬。

就是因为幼虫们如此小心翼翼，所以花轴上的花儿，即便是内部受到了损伤，但是从外面看仍然美丽。唯一的缺点就是，暗黄色斑点会一天天扩大，变成污点，而每个污点上都会有一只幼虫。

刚孵化出的幼虫宝宝能得到的食物很少，蓝色蓟草只能为有限的幼虫提供食物，那些迟些孵化出的小虫就会因为缺少食物而死掉。

小虫的活动是从花轴上的小球开始的。它们从花托开始，一点点拔掉这朵小花，然后用背将这些花往后推。

拔掉的小花就这样被遗弃了吗？答案是否定的，昆虫才不会将自己暴露在敌人的视野范围里。它们将废弃的花朵用一种黏胶集结在一起，固定在花托上，保持花序原样，一眼看去，花朵除了有一点黄色的伤口外，看上去依然完整美丽。

幼虫逐渐长大，剩下的小花被排列在其他小花旁边。如此这般，一个个房顶逐渐凸起来，最后变成背形。色斑菊花就这样得到了一个能防范恶劣气候的居所，然后茁长成长。

或许，没有母爱的幼虫会用它的技能来修补这唯一能给它带来温暖的小屋吧。

它们都有什么特殊才能呢？8月中旬，已经发育了的幼虫要开始粉刷小屋，为下一个蛹期作准备。我打开了几个巢室，在玻璃杯里面将头状花序上破裂的壳排列成行。

很快，我们可以看见，幼虫休息的时候，对立的两端紧紧连在一起，然后用大颚在排泄口收集东西，大家不要对它的这种行为感到不舒服，它这样做只是为了收集一种黏性的浑白浆液。

它把这些收集来的浆液有计划地放到住所的缺口上，之后又啃咬周围的小花，去掉小花的鳞片和有毛的截段；然后从轴茎和花序的中央核分离出碎片和微粒。幼虫的大颚切起东西极为不便，因此这活儿对于幼虫而言，是非常累的。

新鲜的胶黏剂被放在缺口处，这只幼虫在上面爬动，身体绷成钩状，然后到处滚动，把废弃物黏合起来。在它的挤压和摩擦下，墙壁光滑了起来。然后它再次把身子蜷曲起来，这时第二滴白色汁液流了出来。

汁液流出来以后，幼虫用大颚接住，继续着自己的工作。在涂抹墙壁、镶嵌小片之后，这只幼虫停了下来，难道它就这样半途而废了吗？

整整一天了，被打开的壳还开着。幼虫并没有试图关闭缺口，而是努力地恢复体力和精神。

可是它为什么要停下来呢？是因为这个活儿太累了吗？还是因为缺乏其他的材料？

我们来认真观察一下，木质材料和碎石并不缺少，但是黏合汁液却不再生产，因为蓟草尖脱离枝茎后就不再生产汁液。

色斑菊花象的汁液很神奇，当它被生产出来接触到空气之后，就凝结成树脂，然后慢慢变硬，颜色也由红浅黄色变成暗褐色，上面还能很清楚地看见木质的碎片。

这是一种什么样的分泌物呢？这是每一只幼虫都有的吗？

带着这样的问题，我解剖了一只幼虫，答案是并不是每一只幼虫都有黏性腺体。它身体的尾端没有腺体器官，即便是身体的内部也找不到任何痕迹。在幼虫肠子的末尾部分，包裹着一种半流质的黏稠白色浆髓。经过仔细观察，我发现白色浆髓里面有大量不透明的小球。这些小球很特别，它们在硝酸中溶解时候会沸腾起泡，由此可以推断，这是一种尿酸产物。

这种黏稠的浆髓，无论是从外表还是颜色来看，应该就是幼虫自己排出和收集的胶黏剂。色斑菊花象用这些来黏合、修整自己的住所。但是这些胶黏剂真的是色斑菊花象的排泄物吗？

从色斑菊花象的食物来看，首先它们吸树汁，却不吃固体食物，因此不会产生固体的排泄物。虽然它们的住所非常干净，但是这不能说明它们并不排泄。它们当然会产生一些没有营养的食物残渣。这些残渣看上去像会流动一般，形态纤细，由此来看，黏合物就是这些残渣吗？

是的，色斑菊花象的小屋就是用它们自己的排泄物建造的！对此，我们不应该嗤之以鼻。相反，我们要认识到，它的窝就是它的唯一，它们对外面的情况一无所知，也并没有什么外援。失去这个小窝，等待它们的只会是死亡。

而且，用排泄物来建筑巢穴，并不是色斑菊花象幼虫的专利，花金龟的幼虫在这方面的工艺更加令人称绝呢。

色斑菊花象要在蛹期临近时才能完成建造工作。它的小屋是个长15毫米、宽10毫米的卵形窝。窝的结实程度，能抵抗住手指头的按压。窝的直径与同头状花序的轴平行，它的外观与蓖麻的果实非常相似。

混杂着鳞片、带毛的残渣和头状花序的小花组成了小屋的外墙。被堆砌的小花隔一段时间后，就被往后压。而厚墙主要由胶黏剂构成，内部涂着红褐色的漆，上面还残留着一些木屑。

这样的小屋，外部坚硬，而内部又非常柔然，还有排水功能，我原以为这是幼虫度过寒冬的避风港呢，结果我发现并不是这样。9月开始，色斑菊花象陆续离开巢穴，一直到12月才基本完成了迁徙活动。

它们会去到哪里呢？我不得其解，如果说它们如此轻易地离开舒适的巢穴，而去到一个未知的地方，这种行为似乎是很莽撞的。但是，仔细了解，它们也有不得不离开的理由。入冬之后，呼啸的大北风会将蓝色蓟草连根拔起，吹到路边的泥地里。而蓝色蓟草上的小窝，能经受得住泥水的浸泡吗？没有了根的支撑，它们的处境真的十分糟糕。

最后，来说说我发现的一个奇怪现象吧。一枚卵不小心从色斑菊花象的居所掉到了茎干的叶腋里。

幼虫孵出后，便咬开蓟草的茎轴，吸取营养液。这个幼虫也为自己

制作了一个小窝，小窝的形状、大小与幼虫们在头状花序旁修筑的居所一样，只是缺少了有着头状花序小花的屋顶。它将叶柄和一个护耳状的物体插进小窝的墙壁，作为支撑，将从里面取出的木块泡在了黏稠的胶液里。

这个小屋与藏在头状花序的小屋结构特点基本相同，除了更加容易被发现之外。环境对昆虫仍然是非常重要的，一只昆虫可以离开自己生存之地，却离不开为其提供营养的植物。没有花球，就用树叶半开的叶腋取代；没有容易收集的绒毛，也可以用蓟草的叶缘细齿来代替。昆虫并没有因为这些变化而放弃修筑自己的小屋，相反，它们因地制宜地挑选合适的材料来代替。

我们假设，如果这种意外时常发生，甚至最后成为常态：色斑菊花象最后放弃了蓝色小球，而把卵放在叶腋里，又会发生什么变化呢？

变化并不会很大。色斑菊花象的本能仍然不会改变，还和最开始时一样。昆虫会用自己的方式去适应改变了的环境。如果它们不这样做，等待它们的就只有死亡。

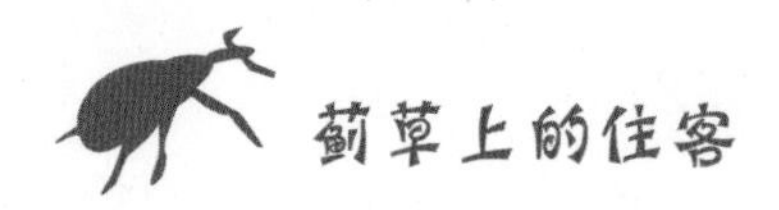

蓟草上的住客

我在夜幕中提上灯笼赏景，在微微的灯光下，近处的事物轮廓若隐若现，远处则陷入了一片漆黑。

我弯下身子，去观察地面上被光晕笼罩的一块方形图案，发现一些同样小的圆圈时而显露，时而不见，不禁怀疑这是否是我的幻觉。这些小圆点究竟是如何拼凑成一幅画的呢？有无规律可循？微弱的灯光无法给我答案。

科学研究也是一样，是根据一块块分散的图形来研究事物的整体形象的。尽管指引我们探索的明灯常常因为灯油匮乏而光线昏暗，但我们不会因此就停下探索的脚步，再明亮的灯光又能照多远呢？前方总有未知的黑暗会阻扰我们，我们别无所求，只求手中的明灯能再为我们照得更宽广一些，能让我们的探索之路走得更长远一些。现在，就让我们将科学研究的明灯转移到熊背菊花象身上来吧，去探索一番它的奥秘。

熊背菊花象热爱探索具有伞房花序的飞廉。这是一种外表优雅俊美，却散发着难闻气味的蓟草，头状花序上有一个难啃的黄色架子，膨胀成了一个肉团。它是受到复叶小叶保护的真正朝鲜蓟花盘，花盘中心常常居住着一只熊背菊花象幼虫。

每一个花盘中只能居住一只熊背菊花象幼虫，这是它独用的财产，不容许被侵犯。如果一只卵被不小心错误地放在了已有幼虫居住的花盘中，就会因为来晚抢不到地盘而死去。

蓝刺头上居住的新生宝宝能很好地控制自己的食欲，因此三四只幼虫可以共同享用一根植株的汁液，可熊背菊花象宝宝的食量显然要大很多。由此我们还知道，朝鲜蓟花盘也是熊背菊花象宝宝的食物。

背菊花象成虫在复叶覆盖的球果上挖洞，凝结成了白如珍珠的可口

熊背菊花象热爱探索具有伞房花序的飞廉。这是一种外表优雅俊美，却散发着难闻气味的蓟草，头状花序上有一个难啃的黄色架子，膨胀成了一个肉团。

植物乳浆，并以此为食。但到了六七月份产卵时，成虫要选择更加鲜嫩可口的食物，即尚未发育成熟，还没有开花，也没有被触动过的头状花序。

熊背菊花象母亲跟色斑菊花象一样，用自己的喙钻透鳞片，利用身体内的探测器来产卵、安置卵。熊背菊花象卵为不透明的白色，在产下后的第八天孵化出幼虫，到了八月份时，我打开飞廉的头状花序便能看到许多不同年龄段的幼虫宝宝。天真可爱的幼虫宝宝受到骚扰会旋转身体，它们还没有标志着成熟的白色细带，是观察者观察的好时机。

头状花序的复叶连接成片，严实地盖住了花托。花托上平下窄，新孵化出的幼虫宝宝就从它的隔壁进入这里，肆无忌惮地搞着破坏。大约两周后，它做了一个舒适的窝，这个窝一直延伸到茎柄深处，上面有头状花序的小花和毛的圆顶形成的豪华幔帐。

朝鲜蓟花盘的内部已经被幼虫掏空了，但外观依旧完整。熊背菊花象幼虫躲在这隐秘的花盘内部，过着与世隔绝的舒适生活。它们食用固体食物而产生的残渣碎屑，成了填充住所的珍贵材料，幼虫将身体蜷成一团，

熊背菊花象幼虫将身体蜷成一团，认真地收拾着排泄出的残渣，生怕漏掉哪怕一小粒，因为这是它装饰住所的唯一材料了。

认真地收拾着排泄出的残渣，生怕漏掉哪怕一小粒，因为这是它装饰住所的唯一材料了。

幼虫用大颚尖将收集到的排泄物平展开，再用臀部和额头压紧实，再将一些废弃不用的鳞片和几截儿毛从窝顶拔下来，细心地贴在新鲜的黏胶上。

幼虫宝宝一天天在长大，泥层也一天天被涂抹起来，看上去就像盖在室内的挂毯那样。朝鲜蓟草那长满刺的茎皮成了这个居所外部的天然屏障。比起色斑菊花象的草庐，这里简直豪华得像一座城堡。

尽管蓝色蓟草十分纤细，但它绝不会轻易腐烂，到了即将衰败的时节，它靠着周身的荆棘和又粗又硬的禾本科植物苦苦支撑，没有被摧残破坏。它将头状花序缩成一团，上面盖满鳞片，以此来抵御风雨的侵袭。居住在花盘内部的熊背菊花象幼虫深知外面环境的恶劣，当寒冷的冬天来临时，它们乖乖地待在家里。

在一年中气候最糟糕的一月份，我无法外出，只能找来一些飞廉的头状花序，从里面找一些熊背菊花象。它已经换上了有带子的新衣服，正缩着身子待在花盘内，等待着春暖花开的五月。那时，它会从居所中飞出来，重回大地母亲的怀抱，去庆祝春天的到来。

整个园子里数刺菜蓟和朝鲜蓟姿态最优雅，颜色最多彩。它们的花冠外都分布着一层鳞状螺旋叶，有两个拳头那么大。成熟时，叶子单薄而僵硬，形状尖利，下面藏着肉乎乎的花托。花托上长满了浓密的白毛，中间紧紧包裹着花的种子。种子呈微微泛着天青色的蓝色，上面盛开着夸大的花朵，犹如戴着一顶华丽的羽毛帽。

刺菜蓟的头状花序并不受人类的青睐，他们更喜欢多肉的粗大叶脉，因此，这里成了昆虫的乐园。因为不受关注而留下的朝鲜蓟球冠成了菊花象的聚居地，它们在这里筑巢、产卵，享受着属于自己的生活。

有一种全身涂满赭石颜料的象虫，身材短粗，它叫斯氏菊花象。值得我们期待的是它们开发刺菜蓟球冠时的景象。炎热的七月，在大片的蓝色花朵下边，这些昆虫来来回回忙碌着。它们把尾巴高高地翘起来，然后又放下，最后消失在刺菜蓟球冠上茂密的毛发中。

寒冷的一月，熊背菊花象已经换上了有带子的新衣服，正缩着身子待在花盘内，等待着春暖花开的五月。

我们很难直接观察到它们在干什么，只能在它们忙完之后再认真研究。

原来，它们是在开发幼虫的卵巢，在靠近花托毛束的地方挖掘种子，然后用喙剥掉身上的羽毛饰品，最后在果实上轻轻地凿出一个碗状的小窝。

探测行动也只是到此为止，它们不会为了产卵而继续向前延伸，以至于破坏味道十分鲜美的花盘。

在这个富裕的象虫部落，如果头状花序的身材足够大，就能同时供20个以上的象虫享用。前来就餐的是顶着橘色帽子的幼虫，油光的后背显得整个身材都胖乎乎的。即使身材臃肿，可是它们很懂得节衣缩食，会把自己居住地之外的花冠保护得很好，让种子得到茁壮成长。

在酷暑的盛夏，三四天就可以完成孵卵。如果出生时距离种子很远，纤细的幼虫会顺着种子上的毛毛探索，一直找到种子，然后在这里安家。

为数不多的食物就藏在五六颗种子里，并且不会消失。待到幼虫稍微强壮一些的时候，它就会继续向前咬过去，寻找更为肥美的花托，然后在这里挖掘，为将来的家打下很好的基础。身后是被它甩过去的食物残渣，全部被毛栅栏支撑起来。

为了即将长成的身体，在经过两三个星期的进食后，幼虫已经考虑建造自己的城堡了。

它们会把在附近收集起来的绒毛剪成长短不一的小段，然后用大颚布置好这些材料，再用头敲打，用臀部挤压。同时，它肠子末端的水泥厂也在进行工作，它会把身体蜷缩成一个球，用牙齿收集乳白色的胶状液体，把那些绒毛黏在一起。

高度为1厘米的建筑已经完成，看起来像是一座镶嵌的小塔，上边和四周被浓密的长毛所包裹，不会受到损伤，从远处看上去就像是涂了一层淡红色的油漆。

到了八月末，幼虫生活得很好，可是它却要离开了。它们把屋顶弄破，从里边伸出喙来试探外边的世界。这个时候，刺菜蓟的枝叶已经枯萎，叶

刺菜蓟和朝鲜蓟的姿态最是优雅，颜色也最绚烂。它们的花冠外都分布着一层鳞状螺旋叶，有两个拳头那么大。

子剥落后就像是一把刷子，布满了铅笔一样的孔洞。每个洞里居住着一只成虫，孔洞之间是用残渣镶嵌成的褐红色墙壁。

最后我们说一说撒斑菊花象，它的身材很小，身披赭石色黄斑的黑色衣服。它居住的植物更是让人畏惧，植物学家把这种植物取名为凶恶的蓟草。

蓟草很高大，八月时，它会竖起白玫瑰状的庞大绒球，低头俯视薰衣草，根叶紧紧贴在地面上，铺成一个圆形，就像是两条被烤干的鱼骨头被撕裂后形成的长带子。这些长带子一边朝上，一边朝下，经过这里的路人都会被吓倒。整个蓟草由刺、钉子和比针还锋利的蛰针组成，连鸟儿都不敢落在上面，而小小的象虫却安然无恙。

七月刚开始的时候，我把一棵盛开的蓟草茎梢养在水瓶里，并用金属的网罩在上边。有12只象虫在交尾后迅速入驻到这里，半个月以后，每个头状花序里的幼虫都发育得很充分。到了九月末，所有的幼虫已经有了成虫的模样。

撒斑菊花象的蛹窝也是挖出来的一个小窝，然后把种子和花托上的绒毛用肠液黏合到一起，周围被一层排泄物包裹，形成天然的保护圈。

冬天来临，这个柔软的小窝并没有成为它的住所，让人很是遗憾。我在一月份的时候观察了一些枯萎的凶恶蓟草球冠，并没有发现象虫类昆虫的踪迹，因为在冬季来临之前它们就搬走了。它们之前的住所在此时已经枯萎成一堆废墟了，即使凶恶蓟草的根茎非常直挺，可是枯萎的头状花序依然破裂了，无法为里边的居民遮风挡雨。

在冬季，这两种植物都是没有防御功能的破烂屋子。刺菜蓟的蓝色绒球、凶恶蓟草的白色绒球，在冬季里都会渗水、发霉。两种菊花象在严寒的冬季来临时是如何离开出生地的呢？是如何寻找更加舒适的冬季住所的呢？我也不得而知。

第三章

顽强的探钻工

——欧洲栎象

昆虫档案

昆虫名字：欧洲栎象

英文名：European oak as

绰　　号：探钻工

身世背景：一种惹人注目的昆虫，鼻子如烟斗般长而笔直，为了保持身体的平衡，这个器官不得不像矛一样伸展出去

生活习性：通常栖居在麻栎、白栎和灌栎上，10月，雌栎象利用形状像橘红色长烟斗的吻管，在白天对坚硬的橡栗进行钻探

绝　　技：变魔术般将卵放入橡栗底部

武　　器：喙

忘我地工作

天气冷极了，在这样刮着刺骨寒风的日子里去观察金棘丛，着实不是件容易的事。时间不等人，橡栗已经成熟殆尽了，再过两三个星期，褐色的果实就会哗啦啦往下掉，那时再去观察可就来不及了。

在我的耐心观察和寻找下，幸运终于来临了，我成功地抓到了一只栎象！那是一只趴在绿色橡树叶上的欧洲栎象，头上长着橘红色的细长触角，状似烟斗，十分惹人喜爱。此刻，我充满了喜悦之情。

这只欧洲栎象正在辛勤劳动，一半吻管已经钻进了一粒橡栗中。一阵猛烈的寒风刮过，树枝来回摇晃，干扰了我的观察。于是，我干脆将这支树枝摘下来放在了地上，免得它左右摇晃。

欧洲栎象的脚好像沾了胶水一般，牢牢粘在了橡树弯曲着的光滑部分上。它晃动着自己的弓，绕着插入橡栗的尖桩慢慢挪动，笨拙地画了个半圆，随后又折回去，反方向画了一个半圆，就算完成一套动作了。接下来，它反复重复着这套动作，直到累得没有力气。

欧洲栎象趴在绿色橡树叶上，头上长着橘红色的细长触角，状似烟斗，十分惹人喜爱。

一只可爱的欧洲栎象正在辛勤劳动，一半吻管已经钻进了一粒橡栗中。

随着动作的逐渐深入，它的喙一点点扎进橡栗里，一个小时后就全部进入橡栗中，完全看不见了。随后，它短暂停留了一会儿，像是在休息，接着便把喙一点点抽了出来。接下来它要干什么呢？它什么也没干，结束了自己的工作，蜷缩在一堆枯树叶中休息了。

后来的一段时间里，因为天气十分糟糕，我的工作困难重重。我只有趁着不刮风的日子抓紧捕捉虫子，将它们带回来饲养在玻璃罩中，以方便接下来的试验工作。

欧洲栎象常常停留在麻栎、白栎和灌栎这三种橡树上，其中它们最喜爱的要属产量最为丰富的麻栎。麻栎橡树结出的果子又长又硬，虽然个头不算大，但外壳不算粗糙。白栎橡树结出的果实又短又小，表面干枯萎缩，掉落的时间又很早，因此不太受欢迎。灌栎生得较为矮小，果实十分饱满，从外面看上去又胀又鼓，与它那低矮的身姿形成了鲜明的对比。

我将试验地点定在了光照充足的窗台上。我找来几根橡树枝放入玻璃罩中，将树枝的末端泡入了水中，好让它们能保持新鲜，又将捉来的象虫安置在了树枝上，接着就开始了耐心的观察。

第二天清早，勤劳的象虫就开始工作了。身形较为高大的是雌象虫，它们正在考察面前的橡树栗，看看它是否能成为合格的产卵场所。看起来，这棵橡树栗是合格了，因为雌象虫已经抬起身子，准备干活了！它站立着，将喙扎进橡树栗所在的尖桩，准备开始一天的劳作了。

它像我在树林中看到的昆虫一样，来回画圈，轮番啃咬，笨拙地向前推进着套针。在继续观察之前，我们先来说一件小插曲，这件事太引人注目了，我不得不停下来先说说它。

我在观察中发现，这些辛苦劳作的工人多次死在工作中了，并且姿势奇怪。如果死亡不是件严重的事，特别是正在辛苦劳作中的人突然死亡不是件严重的事，我就要被它们那稀奇古怪的死亡姿势逗笑了。

死亡的欧洲栎象笔直地悬挂在尖桩顶端，离地面很远，已经插进尖桩中的喙表明它正在劳动，是在工作岗位上死亡的。这只虫子的身体已经僵硬，身体干燥，不知道死去多久了。到底出了什么意外呢？这只栎象究竟是怎么死的？

这只栎象死于工作意外，我们假设，它在劳作中不小心打滑了，从橡树栗上滑落了出去，又被伸出去的弯曲枯枝挂住，高高悬挂在半空中，远离了工作地点。无依无靠的栎象拼命挣扎，却抓不到任何有用的物体，最后在筋疲力尽后可怜地死在了尖桩的顶端。

一只死了的欧洲栎象笔直地悬挂在尖桩顶端，离地面很远，身体已经僵硬，死状颇有些可笑。

橡树里的秘密

我们还是继续前面的观察吧。在没有任何意外发生的情况下，栎象继续着它的工作，进度缓慢，使得我们很难观察出尖桩是否有下降。它不停地来回旋转、休息、再旋转，不知何时才能取出探头产卵。两个小时后，我已经失去耐心了，而这个家伙依然在重复前面的动作，完全没有停止的趋势。

我默默地跟自己说，稳住，我必须要搞清楚它的秘密！于是，我叫来几个帮手帮我盯着它，等它出现异动时马上通知我。傍晚时分，负责盯着它的帮手大声地呼叫我。我急忙赶了过来，看到象虫正在慢慢地抽出它的长钻，可接下来，令我崩溃的是，它居然又要往前钻了！

它又要重复此前的工作吗？我简直无法忍受。但它没有，它放弃了，一溜烟地逃走了。长达 8 个小时的观察活动宣告失败！幸好只是在室内，要是在烈日炎炎的室外，这绝对是件令人无法忍受的事。

整个夏天，我观察到了很多象虫的劳作过程，但没有一只产卵的。这些勤劳工人的劳动时间也各不一样，通常维持在 2 小时左右，有时候也会超过半天。

令人费解的是，钻井工程巨大，象虫并没有产卵，为什么要这样做呢？这个答案只能留给我们自己去探索，昆虫是无法告诉我们的。

我在橡树果实光滑的外壳上发现了针刺的痕迹，看上去小小一团，泛着褐色的光，由此判断出，这是象虫钻井的口子。为了更准确地找到答案，我选了一些刚被钻口不久的橡栗，剥开外壳去一探究竟。可是，里面为什么空荡荡的？我又接着打开了其他橡栗，终于在一些栗子里发现了象虫的卵！原来，象虫把卵都藏在了果实的底部啊。不管橡栗多么长，底部离壳口多远，象虫都固执地将卵产在这里。这里的环境很好，长着一层柔软的棉絮状物体，叶柄中流下的汁液将这些物体打湿了，使得这里潮湿而

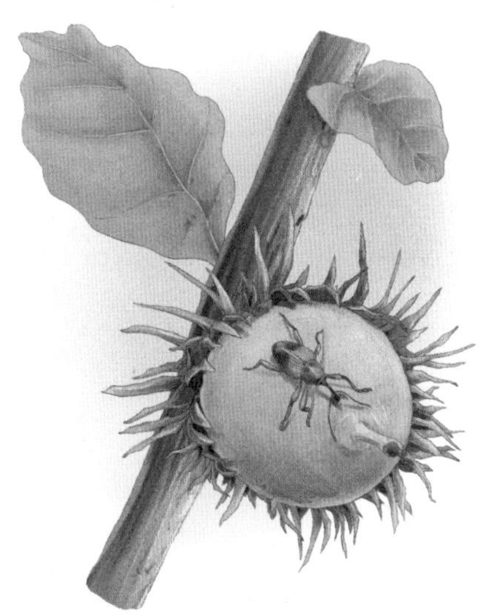

为了保证象虫宝宝吃上新鲜柔嫩的食物，母亲必须找到成熟度合适的橡栗才行。它费尽心思钻入橡栗内部，先替幼虫尝尝是否食物新鲜，在得到确定答案后才会产卵。

轻柔，很适合象虫宝宝生活。

我亲眼看到了一只欧洲栎象幼虫从茧中孵化出来了。最开始，它就以周围的这种充满着汁液的棉絮状物体为食，直到体力充沛后，才会慢慢爬进母亲钻探好的狭长通道。在这里，它吃掉母亲留给它的碎屑物，又长大了一些，力气也更大了，开始靠着自己的力量钻进更深的橡栗果肉里。

现在，我们终于知道象虫母亲为什么要不停钻探了。原来呀，它们是在检查橡栗是否已经有主人了，因为一颗橡栗中的食物是不足以养活两只幼虫的。我也从未在一颗橡栗果实中发现过两只象虫宝宝。为了保证孩子在出生后有足够的口粮，象虫母亲必须加倍小心，来回钻探，以确定这里到底有没有别的虫卵或幼虫，它们不断延长钻探的时间，也是出于对孩子的负责和关爱呀。

在确定橡栗是合格的后，象虫就要深入钻探，进入下一步的精细劳作了。可等到工作结束后，它们并没有留在此处，而是漫不经心地离开了，这又是为什么呢？我们知道，象虫宝宝住在果实最隐蔽而安全的底部，靠吃这里多汁的絮状物成长。这种絮状物并非一直是柔软湿润的，随着橡栗果实的不断成熟，它们会渐渐干枯变硬，不再适合幼虫食用。为了保证象虫宝宝吃上新鲜柔嫩的食物，母亲必须找到成熟度合适的橡栗才行。要判断出内部的絮状物是否鲜嫩多汁，光靠观察果实的外壳是不行的，必须打探到它内部的情况。母亲费尽心思钻入内部，先替幼虫尝尝是否食物新鲜，在得到确定答案后才会产卵。如果食物达不到母亲的要求，她会毫不犹豫地放弃这粒果实，尽管之前自己已经在这里耗费了许多时间和体力。这就是伟大的象虫母亲，为了让孩子吃上最好的食物，它们不辞辛苦，细心寻找，一直到找到适合的才肯产卵。

象虫母亲极其负责任，它考虑的可不仅仅是产卵后幼虫的第一口食物。为了保证它们的健康成长，母亲会在橡栗中钻一个狭长的通道，将果肉嚼碎后留在里面，以供幼虫食用。这些被钻探后的管道比之前柔软许多，更适合新出生的宝宝那娇嫩的大颚。通道的长度也是母亲精心设计过的，为了更适合幼虫的生长速度。

象虫母亲是如何将卵安置在如此靠里的底部的呢？我曾看见一只栎象母亲将卵产在了通道的入口处，等它离开后，我检查一番，发现这里并没有卵，这是怎么回事？难道它们沿着通道滚落到底部去了？可通道那么狭窄，里面还被塞满了各种食物碎屑，卵根本无法顺利掉下去呀。

没办法，我只好解剖一只象虫来研究了，结果令我大吃一惊：原来在它的身体内部，居然有一条几乎占据整个身体的褐色尖桩，就像头上的喙一般。这就是象虫的产卵管，喙钻得多深，这跟管子就能钻得多深。它像一根炮弹发射筒一般，跟随喙钻入果实深处，等一切条件准备就绪后，便毫不犹豫地从身体中迸发而出，将卵产下来，等到产卵完毕再缩回腹内，跟着喙一块退出来。

这就是欧洲栎象产卵的奥秘，一个隐藏在身体内部的腹部喙，跟随钻探喙一起深入果实内，适时将卵产出，在完成使命后再回到体内，使得从外面观察它们劳作的我们无从知晓。关于可爱的欧洲栎象，我们就暂时说到这里吧。

第四章

堡垒里的隐士

——榛子象

昆虫档案

昆虫名字： 榛子象

英 文 名： Hazelnut as

身世背景： 分布在加尔的小山谷里，因为主要吃榛子的果仁而得名

生活习性： 夜间进行探钻工作，五月将卵产在榛子内部；幼虫孵出后，在榛子里一直居住到八月方才离开

绝　　技： 从狭小通道里挤出胖墩墩的身体

武　　器： 喙

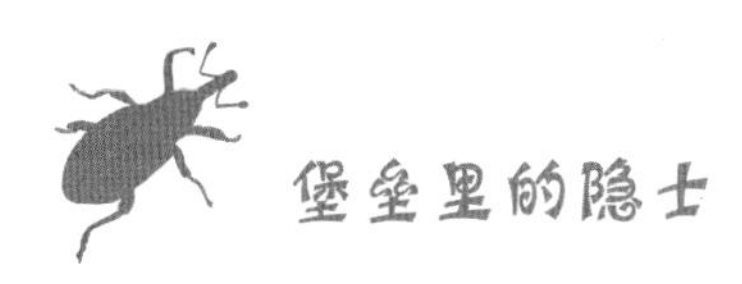

堡垒里的隐士

在一座幽静的堡垒中，住着一名安逸的隐士，安静的堡垒把外边的忧虑和喧嚣统统隔绝开来。

由于没人能进入，堡垒中冷热恒温，加上近乎于豪华的家具，堪称一座完美的豪宅。我想，生活在这里的绅士，一定会因为环境的优渥而发福的。

那么，这座宅子里住的是谁呢？其实，大家都认识这名会享福的隐士。有谁没在吃榛子时，咬到过一个又苦又黏的东西呢？不就是榛子里的蠕虫嘛！别着急讨厌它，先让我们慢慢接近它、观察它，在它身上耗费一些精力还是值得的。

这只胖乎乎的榛子象身体丰满，已经弯成了弓形。它全身呈乳白色，头上长着淡黄色的角。它被我放在桌子上，蜷缩在那里颤抖着，也没有向前移动，因为它在窝里时也是这样的。并且，幼虫时期的象虫都喜欢蛰居，所以这个臀部丰满圆润的隐士也不例外。

榛子象幼虫身材丰满，全身呈乳白色，头上长着淡黄色的角，因为主要吃榛子的果仁而得名。

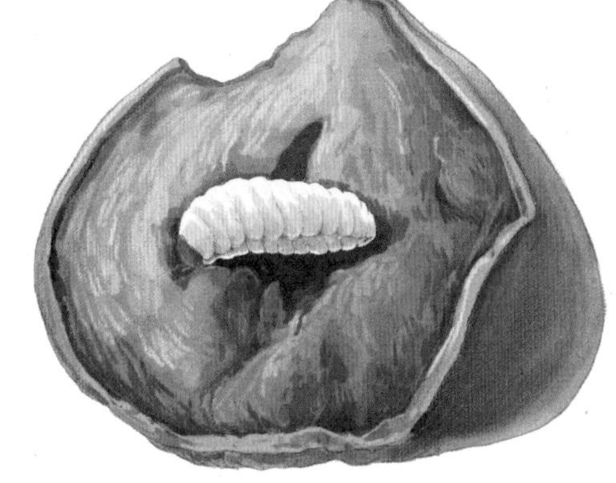

它们接二连三地完成堡垒的建筑，不给入侵者留下任何进入的缝隙。胡桃果壳的裂瓣之间是存在缝隙的，而榛子则是一个完整的小木桶形状。木桶的弯曲处完全呈弯状，十分严密。可是，榛子象是如何进入榛子堡垒的呢？

榛子的表面像大理石一样光滑，我们在上面找不到答案。所以，我们对榛子里住着幼虫而感到吃惊也不足为奇了。

榛子象幼虫在不做任何破坏的情况下就进入里面，或者说它本来就是在这里诞生的，丝毫不受任何条件的影响，如果我们不去认真地研究它，可能这个不可思议的问题会一直存在下去。

我们还是不要这么天真了，榛子象幼虫一定是一个入侵者！它肯定是找到了一个进入榛子内部的通道，可能我们在观察时疏忽大意了，没发现而已。我们现在利用放大镜，重新研究一下它吧。

我们看榛子的底部，这里有一处明显的淡白色凹陷，看上去有些粗糙。榛子壳的两瓣就是在这里结合的，凹陷处的边缘，有一个很明显的棕色小红点；这里就是我们要的答案，堡垒的秘密入口就在这里。

榛子象长有口腔手摇曲柄钻，并且钻头很长，稍稍弯曲着，这点和欧洲的栎象是一样的。

产卵的象虫一般都是选择即将成熟的果实产卵，这样幼虫会得到足够的食物。而此时的榛子壳异常坚硬，比橡栗的壳要坚固得多，开凿的进度十分缓慢，需要有极大的耐心才能完成。

榛子象母亲对这些毫不在意，它们要为自己的孩子准备得认真仔细些，如同欧洲栎象母亲一样有耐心。首先，钻出来的通道要足够长，因为通道里还要为孩子准备食物。接下来，它们就会把隐藏在腹内和喙一样长的产卵管伸进通道里进行产卵，把卵放在奶汁更嫩、更多的底部。

每一颗榛子都是榛子象专属的美食，它们在这里慢慢地长大。

我本来想研究榛子象的劳动轨迹，但是我住的地方没有太多的榛子树，也就没有很多虫子。即便这样，荒石园里的 6 棵榛子树就成为我的研究对象。

首先，要确保榛子象虫住在这些树上。

我从加尔那个不是很热的山谷里找到了几只榛子象。四月末的一个早晨，驿车把它们运到了我这里。此时榛子刚刚在榛叶中露出头来，淡淡的颜色，看上去十分稚嫩，距离成熟还要一段时间。我把它们放在了榛叶上。它们穿着橘红色的衣服，一被放到叶子上立刻就展开了翅膀，丝毫看不出旅途的疲惫。它们的翅膀张张合合，像是在做体操一样地舒展着身体。

小家伙们沐浴着阳光，很是兴奋，看来它们已经适应了这里的环境，能够在这儿安稳地生活，不会离开了。

日复一日，榛子果实慢慢地圆润起来，对孩子们的诱惑越来越大。榛子树很矮，小孩子们都能摘到，大家能装满一口袋榛子，然后用大石头把榛子砸烂，或者干脆用牙咬开，他们都很乐意这样做。可是我今年有研究榛子象的试验，所以，我特意叮嘱他们，不要来摘我的榛子。

每一颗榛子都是榛子象专属的美食，
它们在这里慢慢地长大。

孩子们天真无邪，他们会怎样想呢？我要说的是：“朋友，要注意这个科学大魔头，这些小虫子能给我们提供一些小秘密，所以我们要牺牲更多的榛子来作为交换。”

最终，诱人的果实完整地保存下来了，孩子们对我的禁令都执行得很好。可是，我虽然每次观察得都十分认真仔细，却没能看到榛子象劳作的景象，最多也就是在太阳下山时，看到榛子象爬到最高的地方，尝试着安置自己的机械。

我没能得到更多的信息，可能是榛子象没有找到适合的劳动对象，或者是它喜欢在夜间劳作呢。

这次试验很简单，幸好我在另外一方面取得了很大的成果。

被我放在办公室里的几颗有虫子的榛子，经过我坚持不懈的照料，得到了想要的成果。

清爽的八月来了，有两只榛子象离开了它们的住所。出口在离果壳粗糙处很近的底部，这里的密度小，相对的阻力也是最小的。榛子象并没有像冒险者那样试探，似乎对这一切很是熟悉，它在那里凿了第一下之后，就会一直钻下去，丝毫不把力气浪费在其他地方。

坚持不懈，持之以恒是他们最大的特点。成功之后，圆形的窗口被打开了，光线从外边投进来，自外向内渐渐放大。窗口四周经过精心处理后显得十分整洁。那些粗糙的部分和阻碍外出的不平处都在牙齿的打磨下平整了很多。

榛子象的头和出口的洞是一样大的，可是幼虫的身躯比头要粗三倍左右，这些小胖墩是怎样从狭窄的通道里挤出来的呢？

我从榛子外边看到的很简单，它内部发生了什么我无从知晓。虫子先是把头伸出来，然后不断地收缩身体，把颈部推出洞口；然后是胸部，接下来是整个过程中最困难的环节——大肚子。此时它体内的血液要全部涌向身体前段，洞外的部分迅速地像水肿一样膨胀起来，在洞口处涨成一个又大又粗的圆形肉垫，比头部要大 5 ~ 6 倍。这个腰带具有很大的虫子把已经出来的那部分身体蜷缩起来，再伸直，反复晃动，下颚用力伸张，仿佛是在为自己加油打气。

能量，它利用了自身的张力和弹性，把因血液流出而缩小的那部分身体从洞里抽离出来。

这是个艰苦的过程，这只虫子把已经出来的那部分身体蜷缩起来，再伸直，反复晃动，有点像我们拔钉子的动作。它的下颚在用力伸张，并不是为了抓到什么，而是发出咿咿呀呀般的声音，似乎是为了给自己加油打气，就像我们唱劳动号子一样。

幼虫每喊一声，它香肠一般的身躯就会向上抬高一些。当肉垫膨胀起来紧绷肌肉的时候，留在壳里的身躯已经干枯到了极致，紧接着就是像抽丝一样的过程了。幼虫的身体被拉得很长，直到可以从洞里拔出。经过了这一艰难的过程之后，它终于出来了，身体马上又恢复了原来的样子。

幼虫再次获得了自由，立即投入勘探附近地形的工作中，寻找更容易挖掘的地方，然后用大大的下颚钻出一个圆圆的窝，钻出来的粉末用臀部推向后边，把自己埋起来。在这里，它将度过寒冷的冬季，静候春天的到来。

如果让我来评价，我想对它说："离开榛子的决定是愚蠢的。"

哪里才是比榛子壳还好的住所呢？土地是湿冷的，并且很粗糙，它嫩嫩的皮肤接触到会很痛苦的！并且那里会很危险，有一个敌人十分可怕，它就是一种蘑菇的菌丝体，就像毛茸茸的纺锤一样，会缠住可怜的幼虫并将其吸干，直至变成石膏粒。

如果待在榛子里，不仅舒适，又很安全，什么都不用担心，为什么非得离开呢？

榛子象也不会接受这样的建议，它有自己的想法。

掉在地上的榛子最担心的就是田鼠，榛子本来就是田鼠的美餐，而里边肥美的榛子象，是美味中的美味。由于田鼠的威胁，所以榛子象幼虫离开了自己的堡垒。

另外一个重要的原因是，幼虫时期的榛子象必须趁着下颚最为有力的时候钻开坚硬的榛子壳。不然在睡眠期到来前，体内的脂肪会转化成一种新的组织，新的组织是不能获得更多的力量从里面爬出来的。

如果想要把卵放进去，只需要有一个细管就可以。可是要让僵硬的成虫进去，就一定要有一个足够宽大的孔。榛子象用它大大的下颚在坚硬的材质里钻出一个可以让头伸出去的孔，剩下的躯体花费了无数的力气才能够出来。但成虫是如何利用纤细的钻头打开一道足够自己出去的通道的呢？难道是靠自己强大的耐力，一点一滴地凿开硬壳的吗？

榛子象幼虫必须趁着下颚最为有力的时候，在体内积存的脂肪转化成一种新的组织以前，一股劲钻开坚硬的榛子壳。

所有的昆虫都拥有强大的耐心，可是榛子内部的空间十分狭小，即使有再多的耐性也不能达到目的，因为钻孔的工具太长，在狭窄的空间里没法操作。

我认为，要不是榛子象那笨重的钻孔工具，它不会那么快就从果仁里搬出来的，毒鱼草象和农耕地的金鱼草象就是最有力的证据。这些虫子是另一个堡垒的隐士，它们也住在坚硬的荚果当中，与外部没有任何联系。五、六月份时，象虫把它们的幼虫放到荚果里，果实里尚未成熟的粗胚种子就是幼虫的食物。

植物经过八月份的太阳暴晒变得干枯，呈红棕色。俏皮坚挺的荚果依然茂盛地挂在枝头，把荚果打开之后就会看到已经长成成虫的象虫生活在里边。冬季来临，我再次把荚果打开，毒鱼草象依旧在里边，一直到四月以后，我最后一次打开，它依旧舒服地生活在里边。

直到不久前，新的毒鱼草生长、开花；待果壳足够成熟的时候，这只真正不出家门的毒鱼草象才会离开荚果，去建造新的家。

它出来的方式很简单，毒鱼草象的喙很短，同时毒鱼草荚果和榛子相比，就像是干燥的羊皮纸套，只要轻轻插进去钻洞、敲打就会破碎。

此时，它已经沐浴到了温暖的阳光，伴随着那些长着紫色茸毛的黄花，显得那样的欢乐。

再看榛子象，因为过于长的工具不能在天花板下施展功夫，便早早地离开。而毒鱼草象待在荚果里，空间足够它挥舞刀枪，除了婚礼的时候，它几乎整年都在安全的壳中生活。

昆虫的生活方式深受环境与自身特点的影响，也体现了它们本身的规律特点，即使是在最细微的地方也能得到诠释。

第五章

灵巧的卷叶工

——青杨绿卷象

昆虫档案

昆虫名字：卷象

英文名：Poplar green volume like

绰　　号：卷叶女工

身世背景：象甲科鞘翅目昆虫，因为雌虫将新产的卵卷入新鲜的叶子内而得名

生活习性：产卵的同时将新鲜的树叶卷起来，并将卵产在里面；工作勤奋，不分昼夜

绝　　技：准确地切断叶柄的能量分导管，擅长卷叶子

武　　器：喙

勤劳的卷叶工

有一些象虫喜欢把树叶卷起来，这样做有两个好处，既可以当作幼虫的住宅，又可以当作幼虫的食物。

青杨绿卷象个头很小，衣着却很华丽，背部是闪耀的金色，腹部呈靛青色。在一众以擅长卷树叶而著称的象虫中，它是最为灵巧且能干的。若要欣赏它卷树叶的技巧，只需在五月温暖的午后，去草地旁找最普通的黑柳，它就躲在黑柳下部的细枝杈那里忙碌着呢。

青杨绿卷象虽然个子娇小，但衣着华丽，金色的背部闪耀着光泽，十分美丽迷人。它们常常在温暖的五月出来活动，待在树木下部的细枝上，灵巧地卷着嫩叶。

虽然烈日高照，青杨绿卷象仍然趴在嫩绿的叶子上，忘我地劳作着，称得上是十分称职的卷叶工人。

青杨绿卷象的工作场所差不多与人的视线平行，观察起来很容易。但若要详细了解象虫的工作步骤，却不是一件容易的事，你需要冒着烈日一动不动地站在那儿，耗费大量的时间不说，难免被晒昏了头。而且，为了保证观察的准确性，你每天都要坚持不懈地观察，来来回回地巡视。

好在它性情温和，对自己的工作场所并不苛求。我可以在金属的钟形网罩下铺上新鲜的沙土，再在沙土上插上新鲜的嫩柳枝，以此来代替自然界的黑柳树，然后把它请来这里工作。这样一来，这个宽容而温顺的虫子就可以在我的书桌上孜孜不倦地工作了，而且工作的劲头丝毫不减。

要为它准备工地，挑选合适的树叶是个关键。树叶不能太嫩，太嫩的树叶弹性十足，即便是弯曲了也会很快恢复原状；也不能太老，太老的树叶已经失去了树汁，不能作为幼虫的食物了。要选那种不是翠绿，而是嫩嫩地带点儿黄的树叶，这种树叶接近于成熟了，仍像涂了清漆一样发亮。既保留了大量的树汁，又柔顺易于卷曲，正是青杨绿卷象最想要的树叶。

青杨绿卷象母亲不愧是个熟练的工人，出手非凡，先找到了叶柄，然后用穿孔器钻叶柄。它耐心地转动着，不一会就打下了一个深深的口子。

叶柄是树叶的能量分导管，象虫显然对此了如指掌。一旦切断这个能量导管，树叶便失去了生机，受伤的部位慢慢垂下，枯萎了。此时的树叶变得非常柔顺，是象虫进行加工的最好时机了。树叶低垂着，似乎怎么摆布都可以，象虫却不这样看，它从菱形树叶的一个钝角开始卷，把树叶光滑的趋光面卷在里面，而把有着强有力的叶脉的背光面放在外面。这样做能使叶卷的内部光滑，外部结实而有弹性，既实用又符合力学定律。

在卷树叶的时候，青杨绿卷象把 3 只爪子放在树叶卷起的圆柱体上，另外 3 只爪子放在还未卷起的叶面上，然后耐心地卷动着叶子。它必须时刻保持着力量的均衡，稍有不慎，叶子便会再次展平。当树叶完全卷好，它才会小心翼翼地依次抽出爪子。

这项工作是如此精细，操作环境也很不方便，叶面是倾斜的，即便工具精良也无法避免意外。我用放大镜观察象虫的工作进展，它的工作速度比手表的指针还慢，它那附着在叶面上的爪子微微颤抖着，表明它几乎为此耗尽了力气。

叶面完全卷曲了，象虫还是丝毫不能松懈，它必须用爪子牢牢地固定住卷曲的树叶，并长期保持这个姿势。在没有万能胶的情况下，它只能用这个笨办法，让树叶的褶子习惯这个卷曲的形态，不再反弹。

与树叶弹性的战斗耗费了象虫大量的时间，好在它早已习惯这个枯燥的工作，有着足够的耐心。有时候，树叶卷曲的部分会重新展开，象虫并不急躁，不慌不忙地再次卷着。

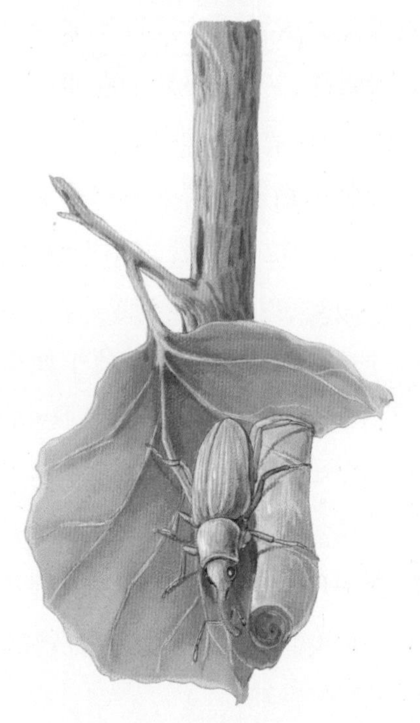

青杨绿卷象这个灵巧的卷叶工在确定树叶已经顺从地保持褶子的状态时，会马上爬到下一个折线处，马不停蹄地去卷下一个褶子。

青杨绿卷象是后退着工作的，先卷上一段，然后降服这一段的褶子。树叶的弹性很是倔强，象虫必须匹配上同样的耐心，否则它只能从头开始。当确认这一段的树叶已经被降服了，青杨绿卷象会稍事休息一下，然后再往后退去卷下一个褶子。就这样，它从上到下，从下到上，来来回回地工作着，终于把整片叶子卷起来了。到收尾的时候了，它要开始处理起卷位置的对角了，这项工作特别重要，直接决定了整个叶卷的稳固程度，必须加倍小心。

在每一个需要固定的地方，它都用抹刀似的喙紧紧地挤压着叶片的边缘，长时间一步不动地挤压着，让叶片的边缘渗出黏性液体，再等液体干涸，这样叶片才会牢牢地贴在叶卷上。然后，它再移到下一个位置，继续同样的工作。

由于树叶的能量分导管已经破坏了，无法补充汁液，所以叶卷一旦形成，就会长时间保持卷曲的姿态。这些叶卷，长约1法寸，形状像一根雪茄，粗细和麦秆差不多，悬挂在叶柄上。

制造一个叶卷，需要耗时整整一天。到了晚上，尽职尽责的青杨绿卷象母亲也不会休息，短暂地修正后，就要开始制作下一个叶卷。如此费尽心血制成的叶卷，到底有什么用呢？现在就让我们来打开一个叶卷，看看里面的情况吧。

在叶卷的每一层都零散地分布着1～4个卵，这些卵存放的位置不同，有的在叶卷的中央，有的就在折角的边上。卵是椭圆形的，有着琥珀般微黄的颜色，轻轻地附着在叶面上，稍有震动，就可以将它们震落下来。

青杨绿卷象母亲的寿命很短，大概只有两三周的时间，这些时间几乎全部用在了卷树叶上，一个接着一个地卷。它没有单独产卵的时间，只能在卷树叶的过程中，把卵排在褶子中。

当青杨绿卷象母亲辛苦工作的时候，青杨绿卷象雄虫通常就在不远处的的树叶上旁观着。这个家伙，真的是一只懒虫吗？它在那里干什么呢？是在好奇地观察吗？还是只是路过歇脚呢？亦或是它也对卷树叶充满了兴趣，准备搭手帮忙？

偶尔雄象虫也会跑过来，跟在象虫母亲的背后，在褶子的条痕里，笨拙地用爪子抓住圆柱体，象征性地帮点忙。然而，它终究不是干活的料，还没等圆柱转上半圈就放开了手，远远地跑到树叶的另一端观望。它这么做是有私心的，想得到象虫母亲的关注和青睐，俘获那个勤劳的工人的爱情。虽然在很多时候，它是越帮越忙，但是最终它还是达到了目的。象虫母亲暂时停下了手头的活计，和雄象虫缠绵起来，整个过程持续了十多分钟。青杨绿卷象母亲的爪子剧烈地收缩着，不敢从圆柱体上放开。因为一旦放开，它的工作必须从头再来，因为短暂的欢娱而放弃之前辛苦的成果，显然是不划算的。

当一切归于平静，雄虫退到旁边的树叶上观望，雌虫继续工作。当

在雌象虫辛勤工作的时候，为了表示自己的关爱之情，雄象虫也会跟着跑过来，笨拙地帮忙卷叶子，可它实在坚持不了多久，不一会儿就又跑开了。

工作告一段落，那个无赖又跑了过来，假模假样地把爪子放在滚动的叶子上一会儿，又开始献殷勤起来。就这样，在制作一支“雪茄”的过程中，这样的事儿得重复三四次。

在艰苦而枯燥的工作开始之前，一些完整的树叶上，遍布着成双成对的青杨绿卷象，它们在阳光下尽情地嬉戏。树叶被它们吃掉半层，剩下的裸露着条纹的残叶挂在枝头，就像是随意泼洒的书法作品。狂欢过后，生活又回到枯燥的轨道，每一只青杨绿卷象母亲开始专心制作雪茄，不再受外部干扰。

这样的事情，不只出现在青杨绿卷象身上，还存在于其他一些昆虫身上，接下来我就来讲述一个令人吃惊的场景。

我曾在笼子里养了几对天牛，用梨片喂它们，用一截橡木来安置它们的卵。在七月，整整四个星期的时间里，高大有角的雄天牛老是待在它的伴侣身上。雌虫背着雄虫，伛偻着到处寻觅，用输卵管尖探寻着可以储放卵的树皮缝隙。

过了很久，雄天牛才从伴侣的背上下来，去吃梨片补充体力。之后，它像是突然犯了癫痫，匆匆忙忙地返回，又爬到了雌天牛的身上，保持原先的姿势。就这样，一个月的时间内，它时时刻刻保持着这种姿势。

当雌天牛安置卵的时候，雄天牛就在旁边默默地关注着。当卵放置好，雄天牛会用有毛的舌头把卵虫的背擦得发亮，以示爱抚和亲昵。过了一会儿，它又开始试探，通常试探一下就会成功交尾，而一旦交尾就没完没了了。它们沉浸其中，乐此不疲，整整持续 1 个月，直到卵巢枯竭。当活动停止了，雄虫会从伴侣的背上下来，它们都精疲力尽，快速地衰老，没过几天就死去了。

我的结论只有一点：真理只是暂时的，我们今天了解到的真理，被明天了解到的真理打开缺口后，就像荆棘丛生那样，大量的矛盾现象蜂拥而至，如溃堤的洪水，以至于最后只剩下一个代名词：怀疑。

育婴室里的宝宝

春天的时候，当杨树叶被制成叶卷的时候，另一些象虫也把葡萄叶卷成了“雪茄”。这种象虫衣着华美，全身闪烁着黄金般的光芒。遗憾的是，它的身材比较肥胖，否则定会是昆虫界的模特。农民们称它为“啄沟虫”，学者们曾称它为“葡萄树象”。

与青杨绿卷象一样，在工作的时候，它也是先在葡萄叶的叶柄上啄出一个小而深的孔，让葡萄叶不能补充树汁。等葡萄叶柔软了以后，它就从葡萄叶的一个角开始卷折，光滑的一面放在里面，有着粗大叶脉的一面放在外面。

葡萄叶很宽大，叶脉太深，弯弯曲曲的起伏不定，卷葡萄叶不能像卷杨树叶那样，从一个角顺利地卷到它的对角。葡萄树象在操作的时候，会利用葡萄叶的褶子走向，多次改变卷折的方向。

葡萄树象虫也像青杨绿卷象一样，倒退着干活，它在倒退时，三只爪子放在叶片上，三只爪子牢牢抓住树叶褶子的边缘，交替着前行。

最终，葡萄树象卷出了一个不规则的、笨重的、丑陋的“雪茄”，看起来像一个不规整的包裹。交出这样的活计，不能怪葡萄树象不认真，实在是因为葡萄叶太难卷了。

葡萄树象制作“雪茄”的过程，和青杨绿卷象是一样的，也是后退着干活儿的。它把三只爪子放在叶片上，三只爪子放在褶子的边缘，慢慢地卷起叶子。刚卷好的褶子如果不够牢固，它还耐心地进行修整。

收工阶段，葡萄树象也会用同样的方法把叶卷最后一层的叶缘细齿加固。葡萄树叶的边缘不断被挤出液体，液体干了的时候会有棉絮状的废毛，这些废毛相互纠缠，能起到很好的粘结作用。这种粘连的方法，其实质和青杨绿卷象的方法是一样的。

与青杨绿卷象母亲一样，葡萄树象母亲也会遭到一些无赖的骚扰。在它工作场所附近的葡萄叶上，葡萄树象父亲也常会站在那儿束手旁观。偶尔，葡萄树象父亲也会过来搭把手，但是它的本意却不是帮忙，只不过是借机调情罢了。除非达到了目的，否则它就赖在那儿不走。

这种现象似乎是象虫的惯例，但是在其他昆虫上却很少见，与传统资料记载的昆虫的普遍规律也相悖。比如，蚕蛾母亲能产几百个卵，蜜蜂母亲能产 3 万多个卵，蚕蛾父亲和蜜蜂父亲只需要与伴侣交配一次，就完成了任务，而象虫父亲却几乎每一只卵都参与了。为什么会出现这样的现象呢？这个问题还是由专业人士来回答吧，这里就不做讨论了。

让我们打开一个葡萄树象的叶卷，看看里面的情况。叶卷的每一层都有五到八个卵，分散在不同的位置，精美得如同琥珀。无论是杨树还是葡萄树，叶卷里的居民都如此之多，可见这些昆虫过的也是节衣缩食的简朴生活啊。

两种象虫的卵孵得都很快，只需要五六天的时间就能孵出幼虫。为了准备接下来的试验，我们必须学会饲养幼虫，不用担心，这个试验并不复杂。

卷叶虫宝宝舒服地待在地底的沙土层中，将身体蜷缩成一团，安静地等待着即将到来的成长蜕变。

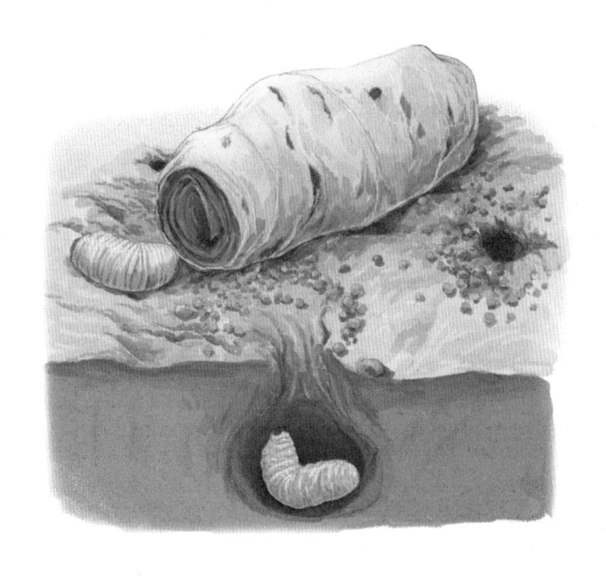

我们需要去采集一些叶卷，把它们放在一个短颈大口的瓶子里。这些叶卷既是幼虫的住所，又是它们的食物。然后，只需静候就好了，等幼虫孵出，我们把它们取出来就好了。我相信，我给它们准备的遮蔽所祥和安宁，它们理应发育得更好。

在等待的过程中，我会不时打开叶卷，看看里面的情况。天哪！情况完全出乎意料，“育婴室”的幼小生命根本没有茁壮成长，相反有些幼虫已经奄奄一息了，它们日渐萎缩，最后变成了一个皱皱的小球，有些已经死亡了。

我期待奇迹的发生，但是几个星期过去了，情况越来越糟，无论是葡萄树象幼虫还是青杨绿卷象幼虫，每一只都无法显露出蓬勃的生气，几乎都处于死亡的边缘，数量一天天在减少。当七月来临的时候，瓶子里所有的幼虫都死了，一只都不剩。

为什么会发生这样的情况？它们是饿死的吗？要知道，它们一直住在粮仓中啊！

看起来它们确实没吃多少东西，叶卷几乎原封未动，它们就是被活活饿死的。

我从瓶子里拿出叶卷，它们已经风干了，像老面包皮。口粮这么硬，也难怪幼虫们没有胃口了。或许这就是失败的原因吧。若是在自然环境中，就算白天的太阳会把叶卷晒干，夜晚的露水或者雾也会重新给它补充水分的。

这次试验是我疏忽了，接下来我必须考虑得更周密一些。

我想，当初象虫并没有完全把叶柄的导水管弄断，还会有细小的水流源源不断地补充叶片，使其保持柔软的状态，尤其是叶卷的中央部位。只有这样，幼虫才能每天吃到新鲜的“罐头”，一天天茁壮成长起来。

当然，叶卷终究会干枯、发黄，倘若此时叶卷还未完全干燥，里面还有些许的湿润，并且里面还有幼虫。那么，当叶卷被风刮落的时候，幼虫就迎来了一线生机。要知道，杨树下的牧草经常被灌溉，牧草下面的土地一直保持着湿润；葡萄树下呢，在葡萄藤的保护下，葡萄树下的土地都储存着新鲜的雨水。在潮湿的环境下，叶卷会重新变得柔软，成为幼虫可口的粮食。

有了这样的认识，第二年我卷土重来，开始新一轮的试验。

这一次，我找了一些枯黄的叶卷，里面的幼虫也已经长大了一些，也结实了一些。我把这些即将被风吹落的叶卷，放进了短颈大口瓶里。与上次不同的是，这一次我在叶卷下面铺了一层沙土。

这一次很顺利，幼虫不断成长着。没过多久，我发现叶卷开始有点发霉了，这让我感到担心，我想让叶卷保持卫生的状态，让它们保持干燥。很快我就改变了主意，因为幼虫吞食腐烂的碎叶片时似乎津津有味。

这些叶面虽然发霉了，还有轻微的臭味，但是松软得如湿润的泥土一样，正是幼虫所需要的。

2 个月的时间很快就过去了，在即将迎来六月的时候，最老的叶卷房屋已经破烂不堪了，只剩下外面一层。撕开这层到处都是漏洞的表皮，我们发现叶卷的内部到处都是混合着黑色颗粒的残渣。

幼虫们全都被转移了出来，放进了另一个短颈大口瓶里，那里有一层厚厚的新鲜沙土层。幼虫们躬起背，在沙土层里挖掘了一个又一个圆窝，然后蜷缩在里面，准备迎接新的生活。

我小心翼翼地把这些豌豆粒大小的圆窝分离开。不必担心圆窝会塌陷，这些幼虫在睡觉的时候，不会忘记加固住所的内壁的。用来加固住所内壁的材料是一种树胶，这种树胶掺合沙土，就会黏结成一堵厚厚的墙。

这种树胶是从哪里来的呢？象虫幼虫的身上并没有丝管一样的腺体。或许，它是从幼虫的消化道进口孔或者出口孔出来的，事实是否真是这样呢？

我从笨头笨脑、样子丑陋的短喙象身上找到了答案。这种虫子全身呈炭黑色，身上布满了末端有爪子的结节状隆起。春天的时候，人们可以发现它的踪迹，它总是浑身泥土，脏兮兮的。

它是一个不折不扣的矿工，总是在泥土里钻来钻去。它是在挖大蒜，那是它的幼虫唯一的食物。七月是收获的季节，在新收上来的大蒜里，我们经常能看到一只漂亮的、肥胖的蠕虫，它老实地待在自己挖掘的珠芽的一个窝里，并不会去破坏其他的珠芽。这就是短喙象幼虫。

大蒜本是气味浓烈的香料，人们常常拿它来驱虫。令人意外的是，偏偏有虫子好这一口。短喙象幼虫只以大蒜为食，终其一生都不会去碰其他的食物。可见，昆虫也和人一样，口味的差别很大呢。

吃光了大蒜珠芽之后，幼虫预感到大蒜即将被拔除，于是便离开自己的出生地，钻到更深的地下。

我用一个盛了半瓶沙土的短颈大玻璃瓶收养了 12 只短喙象，其中有几只靠着瓶壁筑窝，让我得以隐约地看到它们在巢穴里的一举一动。短喙象把身体团成一个圆圈，使劲地收紧，然后用大颚收集身体尾部的黏液，再把这些黏液渗进沙土内壁，从而加固巢穴。这种黏液在玻璃瓶上留下了白色的和浅黄色云雾状的长条痕迹，而短喙象巢穴的内壁已经成了坚固的壳了。八月的时候，短喙象长成成虫，仍然在大蒜种植地附近居住。

凹下去的沙土洞穴中躺着一只颜色雪白的幼虫，它还没有完全蜕变成成虫呢，而洞口那一只颜色深黑的成熟虫子，却在光阳下泛着耀眼的紫光。

短喙象用来加工泥沙的黏液是在自己的肠道内制造的。这种方法看起来奇怪，其实在虫科昆虫中很常见，因为它们不可能找到更好的材料了。

八月末的时候，我从土地里刨出了一些青杨绿卷象。当我把它们从地下室里请出来的时候，它们的衣服闪耀着华丽的光芒。如果不是我强行把它们请出来，这个大懒虫会一直睡到第二年四月份的，那时候它出生的树上又会长出新叶。

除了青杨绿卷象，我还挖出了一些软绵绵的、浑身雪白的虫子，它们那松弛的鞘翅微微张开着，以便皱成一团的翅膀得以展开。这些虫子中最成熟的一个，喙子已经变得深黑，泛着紫色的光芒，和它雪白的身躯形成鲜明的对比。

金龟子身上的武器众多，比如保护肩膀的锯齿形铠甲和有轮辐状小圆齿叶缘的头罩，当它从幼虫向成虫进化的时候，首先把自己的武器坚固起来，还涂上了颜色。像金龟子一样，象虫也会对它的穿孔器进行硬化和上色。观察昆虫为自己的武器淬火锻造的过程，让我大开眼界，它们在身体其他部分刚刚成型的时候，就开始锻造自己未来的劳动工具了！

当我把它们从地下坚硬的壳里挖出来的时候，这些蛹和幼虫看起来虚弱不堪，似乎活不到明年年初。我还是太心急了，应该让它们在半睡半醒的状态下度过严寒的冬季的。当春回大地，杨树吐出嫩芽，蟋蟀开始在草地上放歌的时候，才是把它们唤醒的良机，让它们从地下爬出来，再爬上大树，在阳光照耀下愉快地做着卷叶的工作。

葡萄树象工作的树下遍布着卵石，加上雨水不足，地面非常干燥，叶卷落到这样的地面上，很快就会失去水分。因此，这里的葡萄树象长得都很慢，成熟的也很晚，很多幼虫早早地就夭折了。

九、十月间，我收养了一些葡萄树象的成虫，它们把自己封闭在珠宝盒里，静候春天的到来。在这个季节，大量的蛹和幼虫已经转入地下，只有少数幼虫还没来得及离开叶卷。从身形上来看，它们几乎已经完全成熟了。随着冬天的到来，寒冷覆盖着大地，一切生命活动都变得迟钝，生长也迟缓了。等到寒风凛冽的深冬，所有的一切都静止了。

卓越的技巧

昆虫的技艺和它使用的工具有必然的联系吗？是器官的构造决定了昆虫的本能吗？还是昆虫的能力根本就不是解剖学所能解释的呢？

对于这个问题，另外两种善于加工叶卷的卷叶象给了我答案，它们是榛树象和栎树象。

在希腊文里，卷叶象还有“去皮的动物模型”的意思。创造这一词汇的人是什么意思呢？我没能在书里找到现成的答案，便尝试着通过这种昆虫的外形来理解。

从外表看，卷叶象身体通红，全身极力压缩着，只把头部必要的部分露在了外面。

从外表上看，卷叶象身体呈朱砂红，像是被血浸染了，十分凄惨。就像是在暗绿色的树叶上，凝固了一滴动脉血一样。

除了在昆虫中少见的惊悚的外表之外，卷叶象还有一个显著的特点。它常常极力压缩身体，仿佛要把头缩到身体里一样，只把头部必须露在外面的部分露了出来。卷叶象的头乌黑发亮，像个普通的细粒，里面装着一点少得可怜的脑髓。它脑袋的上部并没有喙，只有一个短而宽的吻端；脑袋下部的颈脖比较丑陋，像是被什么夹住了一样。

卷叶象迈着修长的爪子，笨拙地在树叶间踱来踱去。它们在树叶上凿了许多圆形的天窗，凿出来的碎叶都被吃掉了。这种虫子在非常古老的时代就存在了，堪称地球生物的活化石。

在欧洲，人们发现了三种卷叶象，其中名气最大的就是我所关注的榛树卷叶象了。但是我住所附近的赤杨——一种黏性恺木上也发现了它的踪迹。它们居住环境的变化如此之大，让我感到惊讶。

连续3年的春季，我守在赤杨旁观察这种红色的虫科昆虫。它们待在埃格河边柳树林的一棵树上，而且只待这一棵树上，旁边还有赤杨，但是那些赤杨上全都没有卷叶虫。

这棵倍受青睐的赤杨，就像是一块小型的移民地，是让这些外来者歇脚并适应水土，还是其仅需扩张地盘的根据地？在这里，我还是第一看见活的象虫。

这些象虫为什么会出现在这里呢？我们不妨根据其出现的地点来追根溯源。

确切地说，埃格河是一条卵石流，只要河水涨起来，河里的卵石也会跟着流动，像发生了雪崩一样。我在两公里以外的家中，都能听见卵石互相碰撞的声音。

在一年中的大部分时间，埃格河都是干涸的，干燥的河床上遍布着白色的卵石。当阿尔卑斯山上的积雪融化的时候，或者当连绵不绝的雨季来临的时候，山洪在几天之内就能填满河床，河水奔腾着、呼啸着、翻卷着卵石。一个星期后，山洪消失了，或者暴雨停止了，埃格河又恢复了往日的宁静，河床上只剩下星星点点的小水洼，用不了多久就会被太阳晒干的。

汹涌的山洪会带来很多有用的东西，这些象虫显然也是山洪带来的。

卷叶象来自生产榛树的肥沃的高地，是被山洪带下来的难民，并不是本地土生土长的居民。它们逃生的小船就是幼虫出生时的蛹壳，这艘小船被封得严严实实，足以乘风破浪，横渡江河。当夏天来临的时候，这只虫子在岸边登陆了，开始寻找自己的安身之所。由于附近并没有自己熟悉的榛树，只能在这棵赤杨树上将就了。在这棵树上，它居住了至少三年，或许更久。

它原来的居住地，气候总是温和的。如今到了这个地方，不得不在炎炎烈日下求生。找不到美味的榛树叶了，只好用赤杨树叶来制作食物。这种陌生的树叶无论在口味上还是在营养上，都与榛树叶大相径庭。叶片

榛树卷叶象是个真正的能工巧匠，它用大颚横着切割赤杨树叶，在保持叶片边缘不动的情况下，开始切割叶片中间的部位，就连中心的叶脉也不放过。

的形状和大小也迥然相异。环境的改变，势必会对虫子造成影响，会使其产生变化吗?

我在赤杨树下来来回回地观察，想找到赤杨树上的卷叶虫和榛树上的卷叶虫有何区别，最终一无所获。哪怕在最微小的地方，两者之间也一模一样。看来，就算是在不同的气候下，吃着不同原料加工成的食物，昆虫的身体构造都不会发生任何改变，它会用早已熟练的技术去努力适应新的环境。如果它不能坚持不变，等待它的将是灭亡。

与青杨绿卷象总是猛刺叶柄，然后再制造叶卷不同的是，榛树卷叶象却有一套独特的操作流程，它没有喙，也没法使用青杨绿卷象的方法。榛树卷叶象是个真正的能工巧匠，它善于利用一切工具来制造自己的作品。

在和赤杨叶柄拉开一段距离之后，卷叶象开始用大颚横着切割树叶。叶面边缘的部分，它原封不动，在叶片中间的部位开始切割，就连叶片中心的叶脉也不放过。被切开的叶片耷拉着，渐渐枯萎了。接着，它遵循力学原理，将叶片折叠起来，趋光的部位放在里面，有着粗叶脉的背光面留在外面，然后从叶片开始，把叶片卷成一个圆柱体，最后用没有被损坏的叶面的边缘把圆柱体的口封起来。这个圆柱体的中枢是叶片中央的叶脉，叶脉的上端比较突出。在两张叠放的叶片中间，靠近螺旋卷中心的位置，放着一枚唯一的卵，这个卵呈脂红色。

我没能找到足够多的叶卷，所以不能详细地观察卷叶象幼虫的生长情况，不过这些叶卷仍然让我了解了一些有趣的事情。与其他昆虫不同，卷叶象发育成熟后，不会钻到地下，而是一直留在叶卷里，等待风把它吹到树下的牧草上。这个带有一些腐败气息的庇护所，并不能带给它足够的安全感，因此它迅速地成长，给自己穿上朱红色的外套，长出成虫的状态。夏天临近的时候，它会从破败的叶卷里钻出来，找到一块更安全的老树皮，在老树皮下面安营扎寨。

在制作圆柱形的叶卷方面，只有栎卷象堪与榛树卷叶象媲美。巧合的是，栎卷象的身体是胭脂红色的，喙很短，吻端却很发达，与榛树卷叶象很像。不同的是，榛树卷叶象的身体比较修长，四肢活动不受束缚；栎树象则较为矮胖，身体蜷缩成球，显得很拘束、笨拙。不过，栎树象制作出来的叶卷十分精妙，这和它的形象相映成趣，让人惊奇。

栎树卷叶象不会选择柔软的叶片制作叶卷，而是会选择刚刚采摘的、还没有过分僵化的绿色橡树叶。这种叶子像皮革一样坚硬，不容易啃咬，也不好弯折。然而，面对如此难以加工的材料，偏是四种卷叶象中看起来最笨拙的栎树卷叶象，凭借坚忍不拔的毅力，用这种叶片制成了最漂亮的房子。

我曾见过一只栎树卷叶象在同一棵英国橡树上，连续制作了好几只叶卷。这种橡树叶比较宽大，需要在上面做一个比圣栎叶上开得更大的切口。春天的时候，栎树卷叶象总会选择树的上部大小适中的叶子。如果条件合适，它可能会在同一根枝杈上连续做五六个甚至更多的叶卷。

一只栎树卷叶象安静地趴在树叶上，吻端附着在叶片的纹路处，似乎是在阳光下打着盹儿。

无论是在英国橡树，还是在圣栎树上，栎树卷叶象的工作步骤都是一样的。首先，它会在距离叶柄一小段距离的地方，切开叶片中央叶脉的左边和右边，同时在不损坏主叶脉的情况下，在周围寻找几个稳定的附着点。这样一来，在双重切口的作用下，树叶将会更容易处理。然后，它会把树叶纵向折叠起来，把光滑的一面留在里面，粗糙的一面留在外面。看起来，所有卷叶象都善于利用力学的原理，足以轻易克服叶面的弹性，然后把叶面最有弹性的一面弯曲在凸起面上。

栎树叶卷象把唯一一个卵安放在折叠的叶片之间，然后叶片被卷成一个圆柱体，叶片边缘细齿部位被耐心地施压固定，两端开口的边缘也用边缘的叶片向内推压封闭起来。完成后的圆柱体长约 1 厘米，固定端被中间主叶脉加了箍。这个叶卷看起来既牢固又漂亮。

我曾多次看到栎树卷叶象埋头在叶片的沟纹上，半睡半醒的样子，似乎要在阳光下打个盹儿。它在那儿干什么呢？原来，它是在等待圆柱体上最后的那道褶子稳固起来。我凑上前去，想看个仔细，不料这个小东西马上把爪子藏到了腹部下面，从叶片上滚了下来。

栎树卷叶象习惯于昼伏夜出，白天的阳光太强烈，叶面太干燥，操作起来难度很大。夜间的露水会浸润叶片，更容易操作。到了第二天，在阳光的照射下，刚做好的叶卷正好可以稳定住形状。

通过观察四种卷叶象的劳动，我们应该可以得出结论，这些虫子的技艺和其身体构造并无必然联系。无论它们使用什么工具，最终的结果都是给幼虫制作一个兼具住所和食物功能的叶卷。可见，从根本上来说，本能不会受到工具的束缚，反而会支配工具。

我对栎树卷叶象的观察还远未结束，为此我决定饲养一只幼虫。栎树卷叶象幼虫对食物比较挑剔，宁愿饿死也不会碰干燥的食物，偏好柔软的、最好被水泡过的粮食，如果开始腐烂了，甚至有点儿发霉的味道，那就更是美味了。为了照顾它的这一爱好，我在短颈大口瓶里铺了一层潮湿的沙土，把食物就放在沙土层上。

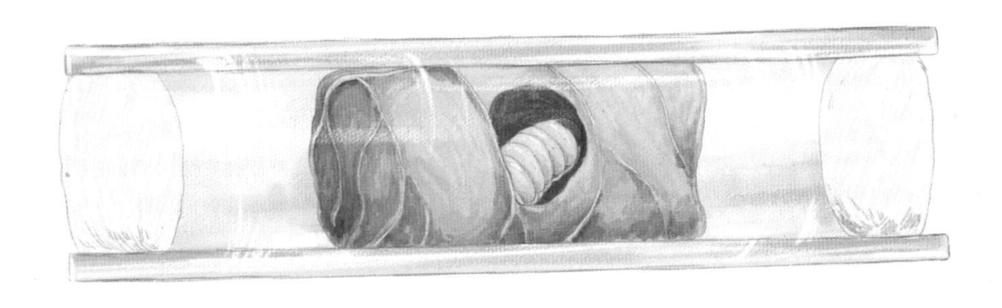

沉睡的虫子在试管中醒来，它们津津有味地吃着试管中又重新变软的美食，没过几周就长得又肥又壮了。

六月的时候，幼虫已经长得比较粗大了，身体呈现出漂亮的橙黄色。不久之后，这只幼虫的身体忽然像弹簧一样伸展开，不再缩成一团了。此时的它，正不安地在破败的隔间里动来动去。

九月末，一场灾难降临了，由于干燥的气候，我的住所附近的森林起了大火，整个村庄都遭了秧。一个粗心的路人随手扔了一根火柴，将我家门前的庄稼地烧成一片焦土。

我的客人待在器皿中，它自然还是舒舒服服地活着，但是外面野地里的它的那些同类们，它们的命运如何呢？我跑到栎树林里，在一片枯叶中找到了 12 只叶卷。这些叶卷几乎丧失了全部的水分，只需轻轻一按，即化为齑粉。

我打开了一个叶卷，发现一只小虫正躺在叶卷的中央。小虫很小，像个小黄点，应该是刚从卵里出来。它一动不动地躺着，好像是死了。但是看颜色，似乎还活着。我又接连打开了几个叶卷，情况都差不多。

它们死了吗？我用针尖刺它们，它们立即动个不停，它们并没有死。

在刚出生的时候，它们自然能吃到湿润柔软的食物，如今食物早已干燥了。既然没有什么东西可以吃，还不如睡去，至少睡着了就不会再饿了。熟睡的它们忘掉了饥饿，也停止了发育，在浑浑噩噩中等待雨水弄软它们的面包。

大自然的雨还需要等待很久，而人工降雨说来就来，我用喷壶淋湿了叶卷，然后把这些叶卷移到玻璃试管里。为了保持试管内空气的湿润，我用浸了水的棉球塞住了试管的两端。在这样的环境下，幼虫们一个接一个地醒来，重新啃食变软了的食物。只过了短短几个星期，它们全都变得壮实了。

经常能听到这样的传说，说某个人天赋异禀，三四十天不吃东西都没事。人们对这样的事总是津津乐道，认为那些忍饥挨饿的可怜人值得颂扬。然而，这些人与栎树卷叶虫相比，简直不值一提。

栎树卷叶虫只是卑微的虫子，没有人为它们唱赞歌。它们刚出生两天，才吃了几口可口的食物，就遭遇大难，不得不忍受长达4个月的饥饿。即便如此，只需一滴水就能让它们重新焕发生机。生命竟能如此停顿，真是奇妙啊！

第六章

防御服制造者

——百合花叶甲

昆虫档案

昆虫名字： 百合花叶甲

英 文 名： Lily leaf beetle

学　　名： 负泥虫

身世背景： 一种身材匀称的昆虫，身体外部呈珊瑚红色，有着乌黑发亮的头和爪，十分漂亮

生活习性： 五月份在百合花叶子内部的表面上产卵，幼虫用粪便来防御寄生虫

绝　　技： 用粪便包裹身体来保护自己

敌　　人： 弥寄蝇

与众不同的百合花叶甲

为了得出一个明确的结论，我会反复地去观察、试验。注意不是一次两次，而是没完没了地试验，直到铁证如山，直到我再也没有任何疑虑。

观察象虫的时候，我得出结论：身体结构并不能决定本能，工具和装备也不能决定职业。后来，叶甲也向我证明了这个结论。

我的荒石园里有三种叶甲。如果我想观察它们，不必去寻找，只需等待即可，到了合适的季节，它们自然会出现在我面前。

第一种叶甲，学名叫“负泥虫”，也叫百合花叶甲。

它长得很漂亮，身材适中，不胖也不瘦，体型匀称；外衣是鲜亮的珊瑚红色，头部和脚爪则乌黑发亮。当春天来临的时候，百合花在绿叶映衬下绽放出明媚的笑脸，而百合花叶甲一定不会迟到，它就待在百合花上。如果它感觉到有人来抓它，立刻就吓得瘫软了，然后滚落到地上。

百合花叶甲长得很漂亮，身材适中，体型匀称，不胖也不瘦；外衣是鲜亮的珊瑚红色，头部和脚爪则乌黑发亮。

用不了几天，百合花就会渐渐长大，露出花蕾。此时，百合花的叶子仿佛被墨绿色的污物弄脏了，像一块破烂的抹布。此时，这种红色昆虫仍然不离不弃地陪在百合花身边。

美丽优雅的百合花叶甲的童年是什么样的呢？你一定想不到，百合花叶甲的幼虫是如此丑陋，外表是淡橘色的，肚子圆凸。更让人难以接受的是，它就躲在一摊污秽下面。如果你知道这摊污秽是什么东西，一定会忍不住捏住鼻子。我们知道，一般的昆虫拉屎的时候，都是朝下拉的，而百合花叶甲的蠕虫形幼虫却反其道而行之，它是向上排泄的。它用脊梁收集这些排泄物，将其制成了一件法兰绒的外衣！

这些排泄物覆盖了虫子从脑袋到尾巴根的整个身体。排泄物在虫子的身体上形成了一个接一个的环形软圈，跟随脊梁的形态变化，呈波浪形起伏。这件用排泄物制成的外衣，会不断地进行修补，添加一条条新的褶边。在这个过程中，伸出体外的多余部分就会松脱掉落下来，新的那端不断延长，旧的那端则变短。幼虫一边行走着，一边更新自己的粪便外衣，把百合花变成了自己的排泄场所。

有时候，外衣太沉重了，虫子不堪重负，就赤身裸体地从中挣脱出来。一旦失去了外衣的保护，感到危险的虫子就会马上开动肠子，一刻不停地制造新的外衣。

这种不停制造污秽之物的家伙，似乎天生就具备这种能力，从一开始就技艺圆熟，知道如何将排泄物摆在尾巴上。我来讲讲自己的观察吧。

百合花叶甲在五月份产卵，平均3–6短列，平铺在叶子内部的表面上，呈浑圆的圆柱形，橘红色，十分鲜艳有光泽，表面还有一层黏性的分泌物。这层分泌物把卵牢牢地粘在叶片上。

12天以后，幼虫孵出，卵略微有些干枯发皱，但是色泽依然保持得不错，几乎和刚产下来时一样。

刚出生的幼虫长约1.5毫米，头部和爪子都是黑色的，身体呈现暗琥珀色。过了一段时间之后，它的身体变为橘黄色。它的胸部第一体节上有

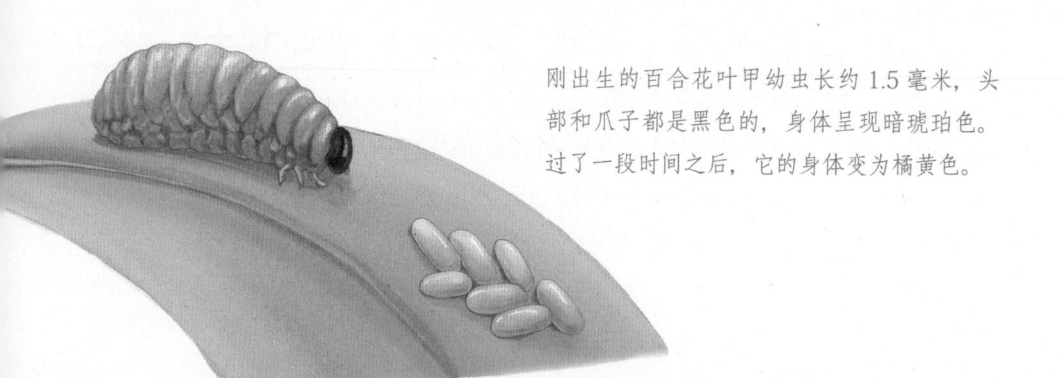

刚出生的百合花叶甲幼虫长约 1.5 毫米，头部和爪子都是黑色的，身体呈现暗琥珀色。过了一段时间之后，它的身体变为橘黄色。

一个褐色的肩带，肩带的中间断裂了；第三体节后的身体两侧各有一个黑点。

肥嘟嘟的幼虫紧紧地贴在叶面上，用屁股一拱一拱地前进。它们不慌不忙地寻觅着，饿了就挖一点叶子吃，在叶面上留下一个小洞，不过这个不会贯穿叶面，给对面叶面留一个透明的地板。

它们吃起东西来毫不节制，也不讲什么秩序，往往是一小群虫子分散在同一条沟里大吃大嚼。等到肚子吃得胀起来，肠子就开始工作了，排出像婴儿粪便一样的少量且流散的东西。随着排泄物的增多，这些小虫子在一天之内就可以为自己制作一套衣服。

粪便防御服

它为什么要制作这样的衣服呢？是为了避免被太阳直晒吗？是防御天敌以保护自己吗？还是只是觉得好玩，一时心血来潮？

为了回答这个问题，我把目光转向了百合花叶甲的近亲身上，希望通过对比找到蛛丝马迹。

我找了一块碎石地，开始种起了芦笋，这是个赔本的买卖，不过我在其他方面却得到了更多的补偿。春天的时候，芦笋地里一片绿油油，田野叶甲和十二点叶甲纷纷来做客，它们在这里大量繁殖，简直遍地都是。这可比芦笋大丰收更让人感到高兴了。

田野叶甲的服饰很花哨，蓝色的鞘翅还镶嵌着白色的饰结，前胸的中央是蓝色的圆盘。它们的卵是圆柱形的，色泽暗绿，不是以线性小组群排列，而是广泛地撒在芦笋叶上、细枝上、花骨朵上，没有规律可循。

田野叶甲幼虫赤身裸体地在露天的植物上生长，它的身体是淡黄色的，身体的后部比较肥胖，从后往前逐渐变细。肠子的末端形成局部的鼓泡，非常灵活，可以缠绕枝杈，也可以推着它前进。在身体的前段有很短的爪子，爪子也可以勉强拖着身体前进，但是难度较大。当它们要从一个枝杈转到另一个枝杈的时候，便在枝杈上倒挂金钩，用肛门上的鼓泡来移动。田野叶甲很爱干净，并不懂得用粪便来隐藏自己。

田野叶甲幼虫在休息的时候，姿势非常怪异，它们并不是躺着，而是像狮身人面像一样蹲着，尾部的鼓泡和后爪压在臀部下，黑色的脑袋直直竖起。在午睡或者饭后消化的时候，它们经常会在阳光下保持这个姿势，很容易被发现。

田野叶甲幼虫保持着固有的姿势，一动不动，完全无视周围飞来飞去的狡诈小虫，让它们有机会将卵产在自己体内。

这些浑浑噩噩的小虫子，简直是最愚蠢的猎物了。人们总能看到一些狡诈的飞虫，围着幼虫的臀部飞来飞去。幼虫似乎并不理会，仿佛料定了飞虫无法伤害它，事实是这样吗？大部分的田野叶甲幼虫的身上都牢牢地附着白色小点，这些白色小点有着瓷器的光泽，它又是什么呢？

我抓了几条带有白色小点的幼虫，装在瓶子里饲养。一个月后，在六月中旬的时候，这些幼虫的身上起了皱，开始萎缩干瘪，身体的颜色也变成了褐色。之后，这个干燥的皮壳裂开了一条缝，一只双翅目昆虫的蛹露了出来。

又过了几天，蛹变成了一只浅灰色的小飞虫，飞虫的身上有着稀疏粗糙的纤毛，看起来很像家蝇，但是体型只有家蝇的一半大。这种小灰虫应该属于弥寄蝇一类。

原来，田野叶甲幼虫身上的白点就是弥寄蝇的卵，卵一旦孵出，就会立即通过一个微小的、不易察觉的创口钻进幼虫的体内，这个创口马上就会愈合，但是寄生虫早已进入了浸泡着内脏的体液中。这种可恶的寄生虫，以寄生在各种虫子体内为生，显然田野叶甲也是受害者之一。

在寄生虫刚进驻田野叶甲幼虫体内的时候，这个可怜的被害者几乎毫无察觉，该吃吃，该喝喝，该午睡就午睡，偶尔还会在细枝上做体操。

奸诈的弥寄蝇耐心地潜伏着，在自己的身体蜕变之前，它绝不会损害宿主的内脏。在这一阶段，一个充满活力、精神饱满的宿主能给它提供充足的营养。而一旦到了发育的末期，就没有必要再伪装下去了，它会迅速地掏空宿主的身体。

这简直就是一个血腥的盛宴，寄生者之间也有激烈的竞争，一般来说，会有8～10个甚至更多的卵进入一只田野叶甲幼虫身体里，最终只有一只小飞虫能走出来。当然，不管竞争如何激烈，这种强盗绝不会灭绝的。

我详细观察了芦笋地里的田野叶甲幼虫，发现它们的身上大多都有弥寄蝇的卵，在它们暗绿色的身体上，这些细小的白色污点清晰可见。

凡是身上有白色污点的田野叶甲幼虫，体内都正在或者即将受到侵害，就算是身上没有污点，那些飞来飞去的强盗也随时有可能来袭击它们。只要那些为非作歹的家伙还在活动，它们就难逃厄运。

我们不必为田野叶甲幼虫的命运感到悲伤，大自然自有它的法则。如果田野叶甲大量繁殖，就会有无数的飞虫来减少它们的数量。反之，如果田野叶甲急剧减少，那些强盗自然也会大大减少。自然界的事物，总是用一方来限制另一方，最终两者相互限制。

百合花叶甲幼虫的命运就好多了，那层用厚厚的污秽之物制成的外衣将侵害者全都拒之门外。但是，非得用这种令人恶心的方法来防御吗？有没有更巧妙的方法呢？答案是肯定的，十二点叶甲就聪明多了，它们建造了庇护所来躲避侵袭。

田野叶甲把卵安置在细枝杈的叶子上，十二点叶甲则将卵放在还未成熟的果子上。

十二点叶甲体型比田野叶甲大一些，身体呈铁红色，几个鞘翅对称地分布着12个黑点。它们的居所也在芦笋上，卵呈深橄榄绿色，一端尖，一端则像被截去了一段，末端正常竖立在支撑面上。

田野叶甲把卵安置在叶子上，十二点叶甲则将卵放在还未成熟的果子上。这些果子大多是豌豆大小的小球，十二点叶甲幼虫孵出后会自行开辟道路钻进果子的。每一个果子上不止有一颗卵，但是一个果子只够养活一只幼虫，因此就看谁的动作快了，动作慢的都会死亡。

十二点叶甲幼虫的身体颜色暗白，胸部的第一体节有个不连贯的黑色肩带。

十二点叶甲幼虫躲藏在果肉里，吃饱了就睡，身体肥胖。田野叶甲幼虫可以用臀部抓牢枝杈，十二点叶甲幼虫不需要这种功能，它的臀部变成了可以缠绕和抱紧的指头。每一种昆虫都可以根据自己的生活方式获取相应的天赋。

时间一天一天过去，被十二点叶甲虫用来做窝的果子渐渐长了一个半透明的小球，这个小球外表看起来很漂亮，果肉早被吃光了。用不了多久，这个半透明的小球就会掉到地上，而树枝上的果实已经成熟了，呈现出诱人的鲜红色。

果肉吃完了，十二点叶甲幼虫不得不钻出来，来到了地面上。

果子就是十二点叶甲幼虫的防护层，它像皮革一样坚硬，弥寄蝇根本无从下口。你看，十二点叶甲无需给自己制造污秽外衣，也可以很好地保护自己。

第七章

吐唾沫的虫

——牧草沫蝉

昆虫档案

昆虫名字：牧草沫蝉

英 文 名：Forage spittlebug

身世背景：一种会吐唾沫的虫，通过刺戳植物制造雪花般的泡沫，在泡沫的掩饰下活动

生活习性：四月开始活动，用植物汁液制造泡沫堡垒；习惯独自待在泡沫中，偶尔也会群居生活

绝　　技：提纯任何植物的汁液，不受腐蚀性、刺激性的影响

武　　器：颚、腹尖囊袋

唾沫携带者

草长莺飞的阳春四月，优雅的燕子和漂亮的杜鹃从南方度假归来。

昆虫们在干什么呢？无论是牧场，还是在路边的野草上，总能看到星星点点的白色唾沫，这是谁吐的唾沫？谁又有这么多的唾沫？

有人说，这是西杜鹃的唾沫，西杜鹃在四处寻觅搭窝的地点，一边飞行，一边吐唾沫；有人说，这是青蛙的唾液，可是青蛙为什么在这里吐唾沫呢？

我问邻居们怎么看这个问题，他们像看着一个傻瓜一样看着我。我提到了上述两种看法，他们漠然地转过头，干脆回答我："不知道"。

我就喜欢这种干脆劲儿，知道就是知道，不知道就是不知道，不必弄出一个稀奇古怪的说法来混淆视听。

牧草沫蝉喜欢戳植物的表皮，让植物的汁液流出来，并冒出像雪花一样的泡沫。

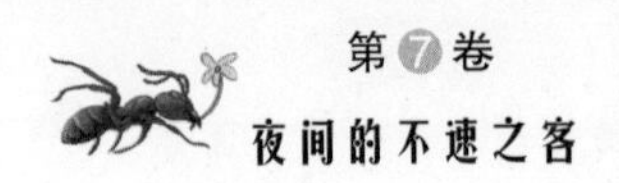

好了，言归正传，这些唾沫到底是谁吐的？

吐唾沫的家伙就藏在唾沫堆中，用麦秸分开唾沫，能看到一只淡黄色的小虫子，这个虫子体型粗短，肚子滚圆，像是一个没有翅膀的蝉。它确实是一种蝉，是一种体型虽小但是具备了成虫形态的蝉，大名叫泡菱牧草沫蝉，意思是唾沫携带者，而我们更愿意叫它的小名——牧草沫蝉。

为了了解沫蝉的脾性，我特意翻阅了几本书。根据书中的描述，这种蝉喜欢戳植物的表皮，让植物的汁液流出来，并冒出像雪花一样的泡沫。那么，它是怎么让汁液冒出泡沫的呢？

让我们来研究一下这些泡沫，一摊泡沫的大小只有一颗榛子一般大小，把它移到玻璃上，过了很久都没有蒸发掉，甚至过了 24 个小时依然没有气泡废渣。这些泡沫的稳定性实在是超乎想象。

牧草沫蝉需要泡沫长期保持稳定的状态，如若不然，它们不得不连续地制造泡沫，直到把自己累瘫。

这些唾沫就像是用泡沫堆成的小房间，建造房间的物质像树胶一样粘稠，气泡虽小却很规整，可以长期保存，沫蝉尽可以在这里休息，而且从不会感到饥渴。这个房间的四壁遍布着气泡，气泡的口径完全相同，似乎经过了严格的测定，难道沫蝉拥有测量体积的工具吗？

一般来说，一堆泡沫里只有一只沫蝉，孤零零的。也有例外的情况，两三只或者更多只靠得很近的沫蝉，会干脆把各自的泡沫合并成一个大厦，共同居住。

为了了解这种虫子的劳作方法和步骤，我拿起放大镜跟踪观察。

这只小虫子直接把吸管插进树叶里，腹部紧贴在树叶上，再用6只爪子固定住身体后就一动不动了。

按照之前的观察，我们应该能够推测出来，接下来就会有泡沫状的渗出物喷涌而出了。我想，泡沫应该是由不断上下翻飞的沫蝉的柳叶刀摩擦汁液制造出来的，当汁液开始流出的时候，泡沫就已经制备好了。

我完全想错了！实际情况比我想的要巧妙得多。植物的汁液非常清亮，就像清晨的露珠，毫无泡沫的痕迹。沫蝉的口腔看起来非常灵巧，但是它只负责吸液体，似乎并不负责制造气泡。加工泡沫的是另一种工具，接下来就让我来解开谜底。

汁液汩汩流出，渐渐淹没了牧草沫蝉的大半个身子。该干正事了，它马上就开始制造泡沫了。

原来泡沫是被吹起来的！沫蝉的尾部有一个精巧的鼓风机，在它肠子的末端有一只长长的、裂开的小袋子，不断地一开一合，小袋子的两片唇瓣挨靠得紧紧的，就像是密封的围墙。通过这个鼓风机，沫蝉把空气注入液体内部，然后吹出泡沫。

快看，沫蝉开始工作了。它先把腹尖从汁液中抬起来，打开囊袋，吸入空气，充满空气后闭合开口，然后再插入液体，喷出空气，产生第一个泡沫。然后，它又把腹尖从汁液中抽出，伸到空中半开，吸满空气后再闭上囊袋，接着插入液体中注气，于是便产生了第二个气泡，第二个气泡

沫蝉的口腔看起来非常灵巧，但是它只负责吸液体，似乎并不负责制造气泡。

和第一个气泡一样大。

就这样，这个不知疲倦的鼓风机像钟摆一样，不停地制造着一个又一个气泡。气泡堆积起来，渐渐将沫蝉的身体掩盖起来，当腹尖再也无法伸出泡沫的时候，沫蝉便停止了工作。此时，沫蝉仍在吸着植物的汁液，这些汁液将不会形成泡沫，而是变成清澈的树脂。

我决定照搬沫蝉的方法，自己来制造一个泡沫。首先，我找来了一个又细又长的玻璃管，把管子插到水滴里面吹气，最终并没有产生泡沫。也许问题出在水滴上，于是便用纯净水来做试验，结果我吹出了一圈细薄的气泡，这圈气泡很快就破裂了，根本没有制造出足以覆盖牧草沫蝉的大量泡沫。最终我选择了和牧草沫蝉腹部下一样的液体来做试验，还是失败了。

了不起的发明

让我们再来研究一下牧草沫蝉的泡沫。这种泡沫摸起来很滑腻，呈稀液状，就像是稀薄的蛋白质溶液那样，但是可以像纯净水一样流动。这种液体肯定不是天然的，沫蝉应该在其中添加了一些其他的物质，就像我们要吹出肥皂泡就需要在水里添加肥皂液一样。牧草沫蝉应该在植物的汁液中添加了某种具有黏附作用、能够产生泡沫的物质。

沫蝉在汁液中添加的物质应该是蛋白质产物，可能在消化道中产生的，也可能是某种腺体制造的。当沫蝉肠道末端的小袋囊吹气的同时喷出了微量的这种物质，这些物质扩散到液体中，产生了黏合剂的作用，使液体具备了韧性，从而得以长久地封存空气。

还有一个让我感到费解的现象。牧草沫蝉在制造泡沫的时候，似乎对于原料没有任何要求，我尝试把它放在各种牧草上，无论是辛辣的还是清淡的，也不管是味苦的还是甜美的，它都毫不在意，马上就适应了新的居所，并立即开始制造泡沫。

一般来说，多数昆虫终生只寄宿在一种植物上，牧草沫蝉是个令人惊讶的例外。当白沫冒泡的时候，它也正在用餐，它怎么可以什么都吃呢？无论是有味道的还是没有味道的，只要嘴边有食物，不需要任何犹豫，马上就开始进食。

这种现象很奇怪，也不符合常理。我只能猜测，对于沫蝉来说，无论植物中流出的液体是什么成分的，都是一样的，就像植物的根从土里吸取水分一样。

我曾把沫蝉放在一颗具有腐蚀性汁液的植物上，这种植物的浆液是乳白色的，味道辛辣。但是当牧草沫蝉刺入的时候，它所得到的液体确实是清澈且淡而无味的。

难道沫蝉吸取的汁液和植物流出来的汁液完全不同吗？为什么会出现这个现象呢？我决定改变试验方法，直接把牧草沫蝉放进植物的汁液中。

一只牧草沫蝉正从一棵具有腐蚀性汁液的植物上吸取养分，它得到的是一种乳白色的浆液，淡而无味。

汁液中的沫蝉显得非常痛苦，挣扎着想逃出来，我当然不会给它留下逃跑的机会。汁液含有丰富的树胶，很快就凝固成白色乳酪状的碎屑，这只可怜的小虫子就这样被堵住了呼吸道，也可能是被腐蚀性的乳汁伤害了，没撑多久就死去了。

毫无疑问，牧草沫蝉从植物中吸取的汁液，是经过过滤的。

液体虽然经过了过滤，却也不是纯净的水，蒸发后会留下一些稀薄的白色残渣，这些残渣被硝酸溶解时会产生沸腾现象，因此残渣中应含有碳酸钾，或许还含有少量的蛋白质。对于牧草沫蝉来说，这些残渣便是粮食。这种虫子很小，很柔弱，看起来就像一粒蛋白质丸。

几乎所有植物都富含蛋白质，而牧草沫蝉喷出的“黏合剂”也富含蛋白质。可知，它的肠道正是把植物中的蛋白质加工成了“黏合剂”，这些黏合剂喷进植物的汁液中，便可以生成可以长久保存的泡沫了。

回头来看，牧草沫蝉为什么要制造泡沫呢？它能从中得到什么好处呢？根据以往的昆虫习性，可以猜想：泡沫可以帮助沫蝉遮挡阳光，也可以使其避免被侵害者发现，就像百合花叶甲幼虫的肮脏外套一样。

我们知道，百合花叶甲一旦失去了外套，将会非常危险。双翅目昆虫一直在盯着它呢，一旦瞅准机会，就会把卵产在它身上。而卵孵出后，双翅目昆虫的幼虫便会噬咬它的身体，最终将它变成一具空壳。

牧草沫蝉很聪明，泡沫就是坚固的防御工事，足以抵御任何来犯者。在移动的时候，它只需要稍作修整就可以了。在泡沫的保护下，它尽可以从容地长大，从容地蜕皮，换上新衣。在这个过程中，它的身体不会被泡沫擦伤，它的新衣也不会有任何损坏。当它变成了成虫后，有了蝉的形态，便会从泡沫中轻巧地跳出来，这时它已不惧侵犯者了。

牧草沫蝉的泡沫是个了不起的发明，比百合花叶甲幼虫的外衣高明多了。奇怪的是，这么巧妙的防御工事，并没有被其他昆虫所模仿。哪怕是牧草沫蝉的近亲，也没有尝试去制造泡沫。

第八章

陶瓷艺术家

——锯角叶甲

昆虫档案

昆虫名字：锯角叶甲

英 文 名：Ye Jia saw angle

身世背景：主要分布在热带地区，体态优雅的鞘翅目昆虫，色彩美丽；幼虫赤裸着身体，住在自己制作的坛子里

生活习性：栖息于圣栎树上，食用圣栎树叶，于五月产卵；幼虫孵化后以卵壳为住宅，随身携带，并会随着身体增长而扩建，始终保持合身

绝　　技：扩建住宅

武　　器：大颚、触须

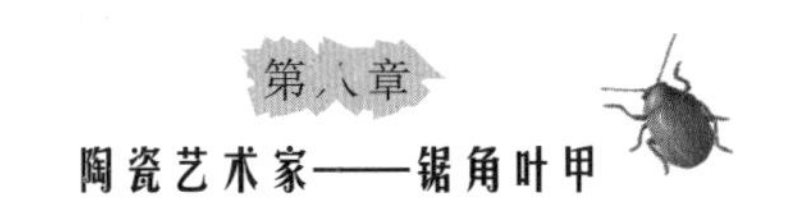

大陶桶住宅

百合花叶甲幼虫用自己的粪便制成外衣，以抵御外敌的入侵；牧草沫蝉幼虫则把植物的汁液加工成泡沫，用这个泡沫做成的堡垒抵御外敌并躲避日晒。这些虫子们都有自己的拿手绝活，足以为自己营造一个安全成长的空间，不过它们的绝活都鲜有模仿者。

除了个别例外，昆虫大多没有天然的外套。它们不需要花费太多力气，就可以为自己构建坚固的防御工事。久而久之，它们便失去了为自己制造天然外套的技艺。

自然界的动物们，大多对来自残酷气候的侵害不以为然，因为它们天然具备保暖防寒的外衣：鸟儿有羽毛，野兽有皮毛，爬行动物有鳞甲，蜗牛有螺壳，螃蟹有坚硬的外壳。在外衣的保护下，动物们似乎失去了应对外界伤害的创造性。

人贵为万物之灵，如何面对气候的侵害呢？一开始，人是赤身裸体的，终于一个冻得浑身发抖的人剥下熊皮穿在身上，于是便发明了衣服；后来，人们学会了种植和纺织，便摆脱了原始的皮外套，发明了布料。如今，在文明的世界里，人们再不为穿衣发愁，但是在远离文明的地方，依然有人用无花果的树叶来遮羞。如今，许多人依然喜欢用自然界的东西装饰自己，譬如插在头发里的红色羽毛，环绕腰部的细绳，身上涂抹的哈喇油——它可以保护人体不受蚊虫叮咬，是各类膏剂的雏形。

从这方面来说，昆虫应对自然环境的能力要强于动物。昆虫也能制造衣服，叶甲便是昆虫界制作衣服的能手。叶甲善于使用简单的方法，对简单的材料加以雅致的改造，制作出适合居住的东西。比如体态优雅、有着漂亮色泽的鞘翅目昆虫锯角叶甲，它们的幼虫便会给自己制作一个长坛子，并在坛子里生活，就像在蜗壳里生活的蜗牛一样。

更妙的是，锯角叶甲幼虫的坛子不仅是衣服和住宅，还是一件精美的艺术品，是一只漂亮的双耳尖底瓮。居住在这个坛子里的幼虫，一旦感知到外界的危险，便会把身体缩进坛子里，而它那扁平的脑袋刚好可以把坛口堵起来。这个坛子充分体现了它们高超的技艺。

等到风平浪静了，锯角叶甲幼虫便会把头探出来，长着爪子的三个体节试探着爬出坛外，不过身体最柔嫩的部分仍然留在坛子底部，轻易不会伸出来。

锯角叶甲幼虫在移动的时候，身体的后部会斜着抬起，把那件精致的陶器抬离平面。这个沉重的负担让锯角叶甲幼虫步履沉重，因为坛子的重心太高，使得锯角叶甲幼虫很容易摔跤。它一边前行着，一边摇摆着，看起来像个踉踉跄跄的酒鬼。

仔细来观察这个坛子，它就像是一个形状优美的陶瓷制品，比较坚硬，用手指按压都不会破碎。坛子的表面是土灰色的，内部比较光滑，上面还有细腻而倾斜的、左右对称的脉络，这是坛子不断增长的痕迹。坛子的底部为适应幼虫不断膨胀的身体而渐渐变成圆形，上面装饰着细小的双重凸纹。这些纹路、沟槽和脉络都昭显着幼虫的智慧，它们显然是遵循着对称的原则来进行创作的，而对称正是美的首要条件。

锯角叶甲是一种体态优雅、色泽鲜艳的鞘翅目昆虫。

锯角叶甲的坛子是圆形的，坛口有磨损的石井栏。我是在橡树下的碎石堆中第一次看到这种坛子的，当时我不认识它，不知道它是什么东西。我猜它可能是一种不为人知的果核，果核内的果仁被田鼠掏空了；也可能是某种植物种子的果壳。我之所以这样猜测，是因为它看起来具备植物种子的特点：整齐、准确、优雅。

当我知道坛子的来历时，感到更深的疑惑。这个坛子的壳是用什么材料做成的呢？很显然，它不会被水溶解甚至是泡软，否则一场大雨就可以让它变成一团糨糊。就算是用烛火烤它，也丝毫不会让它变形，只是改变了它的颜色，由褐色变成了焙烧含铁泥土的色泽。由此看来，这个坛子的材料应该是矿物性的，它是怎么黏合的呢？

锯角叶甲幼虫生性多疑，一有风吹草动，就立即缩进坛子里，长时间龟缩着。为了观察到它干活的场景，我们必须保持足够的耐心。

皇天不负有心人，我终于等到了机会。这一次，锯角叶甲幼虫背着一个褐色的线球从坛子里出来了。它把一些泥土揉搓进线球，然后把这个揉匀的线球放在坛子的石井栏上，娴熟地压成了薄片。

它是使用大颚和触须来干活的，并没有使用爪子。大颚和触须的用处很多，既是小桶又是泥刀，既是糅合器又是轧机。做完了第一个薄片，幼虫又从坛子里取出了一个线球，重复上次操作过程，又做出了一个薄片。一共做了五六个薄片，使坛口增大了一圈。

锯角叶甲从坛子里取出的线球到底是什么东西呢？

其实很好猜。坛子是封闭的，这个总是宅在坛子里的家伙如何处理自己的粪便呢？呵呵，你猜到了吧！

锯角叶甲幼虫的排泄物是个宝贝，幼虫会用臀部把排泄物轻轻地涂抹在坛子内壁上，可以起到加固坛子的作用。除此之外，这些排泄物还能起到黏合剂的作用。

随着幼虫的身体渐渐长大，坛子显得越来越小了，必须要进行扩建了。首先，幼虫会转身去清理坛子的底部，用大颏尖把哪些褐色的线球收集起来，往这些线球里掺一些泥土，就是优质的陶瓷黏土了。

坛子看起来像个陀螺，底部圆凸，中部的直径比坛口大。中部空间大是有道理的，虫子在这里可以蜷曲起来，翻转身体。在扩大坛子的时候，光是在坛子外面加补丁增加长度是不够的，还要加大坛子里的空间，使身体能够自由活动。

自然界所有具有陀螺形外壳的软体动物，螺塔都会随着身体的增长而增长，比如蜗牛。螺塔尖是最初的螺圈，会渐渐变为杂物间，里面装着主人的次要器官，而生命体的主要器官都安置在不断扩大的空间的上层。

牛头螺喜爱摇摇欲坠的墙和斑驳的石灰质岩。它在身体长大的时候，会在旧螺圈前重新建造一个更宽敞的螺圈，然后用一层坚固的薄膜把旧的螺圈隔开。然后，它抬起旧螺圈去撞击坚固的石子，直到把旧螺圈砸烂。抛弃了旧螺圈，新螺圈虽然看起来不那么美观，但是更灵巧方便了。

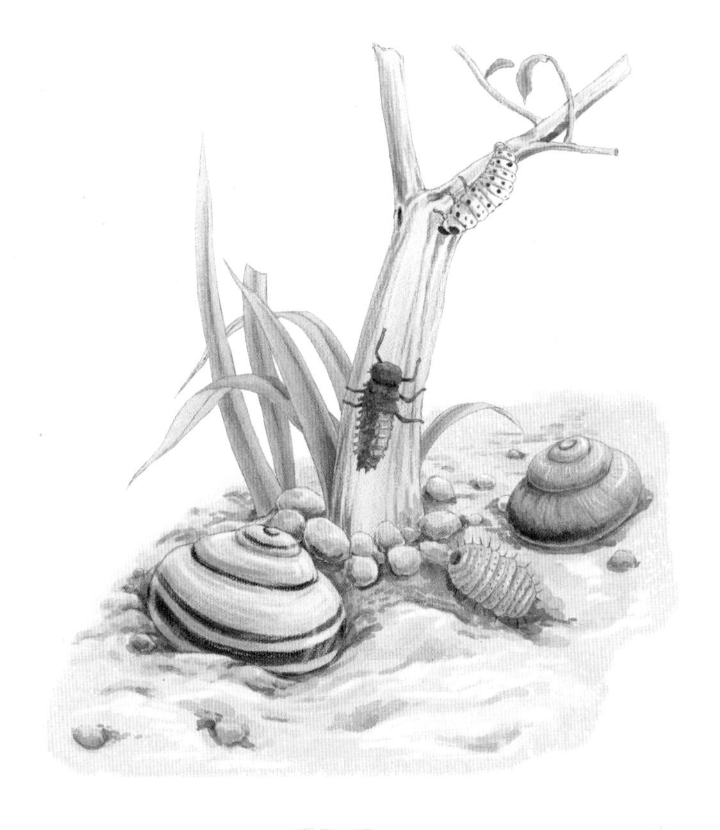

锯角叶甲不屑于牛头螺的方法，也不屑于像女裁缝一样剪开旧衣服加一块布缝上，以增加衣服的尺码。它的方法更为巧妙，它加大的衣服除了宽度以外，仍和以前一样。

它把旧螺圈的内衬当作材料，把里面的东西移到外面，然后用从肠道里产出的胶黏剂，把刮下来的材料调和成有弹性的稀糊，再把稀糊压成薄片涂敷在外壳的表面上，从头到尾涂敷一遍。锯角叶甲幼虫的身体非常柔软灵活，干活的时候可以轻松地伸到外壳的尾端，十分得心应手。

扩建螺壳的工程有条不紊地进行着，还在装饰的滚边预留了对称的位置，美观和实用性兼备。就这样，坛子内部的材料被转移到了外部，坛子的容积增加了，而且没有破坏和浪费任何东西，甚至连幼虫的破衣服都被当作拱心石嵌进了大厦的屋顶。

不浪费材料，不意味着不增加材料，否则坛子的厚度就会不断变薄，失之坚固。所以，锯角叶甲幼虫会适当地添加外部的泥土，辅之以库存的胶黏剂，便可以随心所欲地加厚自己的衣服了。

就这样，锯角叶甲幼虫一直小心翼翼地维持着坛子的宽紧适中。当冬天来临的时候，它用同样的方法混合泥土和粪便制成一个盖子，封上坛口。为了迎接即将到来的蜕变，它会把身体调转个方向，把头部调进坛子的底部，尾巴朝向坛口。直到来年的四、五月份，当圣栎树生出柔嫩的枝杈时，已经成熟起来的锯角叶甲才会打开坛口，从坛子里钻出来。

关于锯角叶甲幼虫是如何制作精巧的坛子的，以及它是如何扩展坛子的，我已经讲得很清楚了。但是，一开始，它是怎么制作坛子的呢？如果没有模具，它又如何去扩展呢？我想看一看这个了不起的陶瓷匠刚出生的时候是如何干活的，为此我饲养了一只锯角叶甲，收集了它的卵。

我饲养了3种锯角叶甲：长脚锯角叶甲、四点锯角叶甲、塔克西科内锯角叶甲，把它们放进一个金属钟形网罩，网罩下面铺了一层沙土，里面还有随时更换的、浸泡在盛满水的小瓶里的圣栎树嫩枝。

这里不仅有锯角叶甲，还饲养了酷似锯角叶甲的隐头虫：圣栎隐头虫、

这是一个昆虫的乐园，两只隐头虫安静地待在柔软的细沙上，静静享受着早晨的宁静。

两点隐头虫，还有衣着华丽的金色隐头长脚锯角叶甲。

这些虫子似乎没有意识到自己被囚禁了，十分安静地吃着早饭，前面五种虫子吃橡树叶，后面一种吃矢车菊花。当阳光逐渐强烈起来的时候，这些虫子终于躁动不安起来了。

蝈蝈和蝗虫的后肢非常强劲，也很长，有利于跳跃。一些锯角叶甲雄虫却截然不同，它们的前爪很长，与身体不太对称，超长的臂膀有什么用呢？要知道，在移动的时候，过长的臂膀不仅起不到任何作用，还会成为累赘，它必须笨拙地收起前爪，才能继续前进。

当锯角叶甲交尾的时候，我才发现了它那超长的前爪的用途。此时，一只锯角叶甲雄虫像树枝一样站立着，雌虫则像一根被翻倒的轴。雄虫用超长的臂膀抓住雌虫的肩膀和前胸，甚至是头部，以支撑身体保持着稳定的状态。

几乎所有锯角叶甲超长的前爪都有这个用途，难道所有锯角叶甲的前爪都只是在交尾的时候用来保持身体的平衡的吗？别忙着下结论，紧接着四点锯角叶甲就向我们否定了这个看法。

四点锯角叶甲雄虫的前爪并不太长，尺寸正好，交尾的时候，它的姿势与其他锯角叶甲雄虫稍微不同，看起来更轻松一些。从中我们可以看出，昆虫们行事的方法各有不同，每一种昆虫都有自己的秘密。

陶桶卵壳

接下来，我们还是来继续观察锯角叶甲的卵吧。

塔克西内锯角叶甲成熟得较早，也率先产了卵。产卵的过程很奇怪，母虫用后爪把卵从输卵管里拿出来，这些卵被一根长长的细丝固定起来，呈翻转的伞形花序排列，每一组卵有12–36个。这些卵有时候放在金属网纱上，有时候挂在小树枝的树叶上，随风摇摆。卵的孵化看起来比较艰难，变化得很慢。

塔克西内锯角叶甲的卵悬吊在细绳上，类似的情况我还见过两例。第一例是一种金色眼睛的小脉翅目昆虫，褐岭属昆虫，它在产卵的时候会在树叶上立起一些蛛丝一般纤细的长柱子，每一根柱子上都有一个卵作为柱头，看起来就像一个发霉的带长柄的缨子。第二例便是阿美德黑胡蜂，它的卵也是产在一根飘飘荡荡的细丝的顶端的。那么，这些细绳到底有什么作用呢？

塔克西科内锯角叶甲的卵呈咖啡色，形状像顶针，卵壳透明，可以看到卵的深处有5个小桶箍状的环形带。卵悬挂在细丝上，一端是锥形的，一端则像是被截去了一段，截面向内凹陷，环形的凹陷口上有一张只有用倍数大的放大镜才能看到的白色薄膜，就像绷得紧紧的鼓皮一样。

孔口的边缘有一个精巧的、宽大的白色指箍，看起来像是被稍微抬起的卵盖。其实，卵盖并没有抬起。产后的卵和产前的卵几乎一模一样，只是颜色变得深了一些。

长脚锯角叶甲和四点锯角叶甲的卵并没有挂在细线上，也没有整齐

成熟较早的塔克西内锯角叶甲的产卵方式很奇怪，母虫用后爪把卵从输卵管里拿出来，呈翻转的伞形依次排列开来。

排列。它们就像拉大便一样，这儿一个那儿一个地把卵随意抛撒，都相隔很远。

用放大镜来仔细观察这两种锯角叶甲的卵，会发现这两种卵的形状都像是被截断的椭圆形，长约 1 毫米。长脚锯角叶甲的卵是深褐色的，形状像个顶针，上面布满了交叉排列，呈螺旋状的四角形小孔；四点锯角叶甲的卵是浅白色的，卵的上部布满了凸起的鳞片，鳞片呈叠瓦状倾斜排列，卵下部的尖端中空，有点儿分岔。四点锯角叶甲的卵像个啤酒杯状的锥体，这种形状的卵不利于在输卵管中运动，因此可以推断，在输卵管中的卵并没有鳞片，在即将排出的时候，卵上才生出了鳞片。

鸟笼里饲养的其他三种隐头虫排卵最晚，六、七月份才开始产卵。母亲似乎也不太珍惜这些卵，随意将它们抛撒在矢车菊的头状花序里或者圣栎的树枝上。

这三种隐虫卵的形状都是截断的椭圆形，但是外表的纹路却各有特点。金色隐头虫和圣栎隐头虫的卵把层叠的 8 根凸纹变成了螺丝起子，两点隐头虫的卵却将其变成了有小孔的螺丝。

鸟笼里饲养的虫子，它们的卵都有漂亮的卵膜，有的是呈螺旋状的薄片，有的是顶针状的小孔，有的是花洒状的锥形鳞片，姿态各异。通过在一些细枝末节上的发现，我断定这些卵在输卵管中的形象肯定不是这样的，因为这些形状的卵不适合在输卵管中滑行。但是，在经过验证之前，这还不过是我的一个猜想。我决定通过试验拿到确切的证据。

我找到一些质地柔软的卵，它们有着光滑的表面，膜呈淡黄色，与一般昆虫的卵没什么两样。我将它们和钟形罩下的锯角叶甲和隐头虫放在了一起。

我还准备了一些别的卵，它们大多是两点隐头虫或者长脚隐头虫的，除了黄色和裸露在外的一些卵外。这些卵并非母亲自然产下的，我将它们安置在钟形罩下的褐色小盒子里。由于缺乏材料或者运输途中出了问题，这些卵的卵膜只覆盖了一半的卵身。

这些质地柔软的卵，它们膜色淡黄与一般的卵并没有什么区别。

那么，这些虫卵的漂亮外衣是用什么材料制成的呢？我认为，塔克西科内锯角叶甲的小桶箍和四点锯角叶甲的鳞片应该是某种特殊的分泌物，至少从外形上来看是这样。但是我并没有在虫子的身体上找到分泌这种物质的器官。至于长脚锯角叶甲和隐头虫的虫卵外衣，毫无疑问，那就是用粪便制成的。

我们可以通过观察金色隐头虫卵的颜色变化来佐证上述结论。一开始，这种卵是纯绿色的，后来慢慢变成了褐色，形状和其他卵都是一样的。很显然，这是由于隐头虫吃下的绿色植物果肉慢慢氧化造成的结果。我们可以推测，最初的卵应该是柔软而裸露的，后来在隐头虫的肠道里裹上了食物的残渣，就像是给鸡蛋裹上了蛋壳。

锯角叶甲的卵壳上有着漂亮的花纹，这些花纹又是怎么来的呢？说起来不太体面，那应该是锯角叶甲身体末端的阴沟被泄殖腔压榨，从而在卵壳上压出的花纹。

在我们看来，用粪便做成的外衣十分肮脏，但是大自然却不这么看，它最擅长化脏为雅了。我们知道，鸟儿的卵壳只是临时性的庇护所，一旦鸟儿孵出，蛋壳便会被当作废物一样抛弃。但是锯角叶甲或者隐头虫却不会这样，卵的外壳虽然是用粪便做成的，却一直是幼虫的住所，幼虫长大了也不会抛弃。这些衣服呈小桶形或者顶针形，可以随着幼虫身体的长大而不断扩大，既漂亮又合身。可以说，小虫的一生都会穿着母亲留给它的这件外衣。

到了七月，卵全部都孵化了，我在杯子里给它们各自准备独立的房间，并在杯口盖了一块玻璃，以保证杯子内空气的湿润不会被快速蒸发。你看，这些小家伙是多么有趣啊！在我给它们提供的小房间里拖着自己的壳小步行走着，在各种树叶的残屑中穿来穿去。有时候，它们会突然从壳里伸出身子，又突然缩了回去。它们爬上树叶，跌倒了，再爬起来，然后继续前进，就这样盲目地游荡着。

我继续观察着鸟笼里的虫子，母亲们贪婪地把嫩嫩的树叶咬成凹形，用食物来恢复自己的身体，但是对不断从树枝上掉落下来的卵不闻不问。卵这儿一个那儿一个地掉落在地上，我不知道它们是怎么掉落的，是虫子自己咬断了绳子，还是因为绳子干燥而断裂了？总之，不管是先掉的还是后掉的，所有的卵终究都会掉下来。孵出的幼虫拖着卵壳东逛西逛，它们之所以如此慌张，显然是饥饿的缘故，它们以什么为食呢？

在自然的环境中，情况也差不多。我在一棵橡树下面，看到了散落得到处都是的锯角叶甲和隐头虫的卵，这些卵的周围有些什么呢？是鲜嫩的小草吗？是腐烂的枯叶吗？还是撒满地皮的干燥树枝或者长满了苔藓的

石块？我只注意到了一些由植物残渣变质形成的腐殖土。金色隐头虫喜欢吃矢车菊，在矢车菊丛下面，有各种黑色残渣做成的床垫。

我给幼虫找了许多种食物，但是都不对它们的胃口。但是在这些不起眼的黑色物质中，我还是发现了锯角叶甲幼虫口味的蛛丝马迹。

除了塔克西科内锯角叶甲，其他叶甲都用一种褐色的稀糊来扩建自己的住所。这些褐色的稀糊，我们之前已经介绍过了，就是虫子的排泄物。

由于一直找不到可口的食物，或者是因为空气太过干燥，虫子们大多无精打采，甚至是干脆就罢工了，只是在房子的外面简单地加了边饰，无力去做陶瓷的活儿了。只有长脚锯角叶甲还在兴旺地繁衍着，这多少给了我一些安慰。

我给这些虫子找来的食物是老树皮的鳞片，这些鳞片来自橡树、橄榄树、无花果树等，都是我随意搜集的。虫子们对于鳞片没有什么兴趣，但是对泡在水里的鳞片浮出的油脂却充满了兴趣。

夏天的时候，在炙热阳光的照射下，许多植物会失去水分，比如一种玫瑰花结形的苔藓就变得非常干燥。我收集了一些这种苔藓，把它们放进装满水的玻璃杯中，几小时以后，这些苔藓似乎重现生机，圆圈状的绿色小叶子缓缓展开，露出了许多白色或者黄色的面粉一样的风化物和细小的地衣。这些地衣像一条条灰色的细长带子，向四周散开，带子上覆盖着青绿色的盾片，透过树叶的背光面，看到这些带子组成的图案就像是一个个圆圆大大的眼睛。

在水的浸泡下，有些物质死而复生了，胶质衣属植物变得鼓胀，颜色更深了，像明胶一样微微颤抖着；一些蘑菇的乳鼓胀了起来，里面有数不清的小袋子，每个小袋子里有 8 粒漂亮的种子。在显微镜的帮助下，我看到了一个奇妙的微观世界，一个指甲盖一般大小的烂树皮上，竟然包含了如此之多的美丽生命。

如今，我的玻璃杯变成了一片牧场，成群的锯角叶甲在这片牧场里觅食。它们那么小，多像一颗种子呀，只是这些种子上还雕刻着花纹，这些种子还会震动和摇摆，这些种子喜欢扎堆，但是只要其中一只种子轻轻晃动一下，碰到其他种子的壳，其他的种子便会散开，各自另寻去处。在厚重的外衣的束缚下，它们只能踉踉跄跄地行走，有时候还会跌倒。不过，对于它们来说，我的玻璃杯就是个广阔的世界，它们尽可以随意游荡、漂泊。

不知不觉间，一个星期就过去了。长脚锯角叶甲为自己的住所增加了一个滚边，使住房的面积增加了一倍。扩建房屋，自然有利于幼虫的成长，不过扩建的部分与原有的部分区别明显，扩建的部分表面很光滑，而原有的部分则装饰着螺旋形排列的小孔。

随着幼虫的身体渐渐长大，坛子也逐渐得到扩充，不过扩充后的坛子失去了原来的美观，慢慢变得粗糙和平庸。只有仔细寻觅，才会发现被覆盖了的螺旋状的脊、排列成优雅图案的小孔，才会让我们想起这些杰作的创作者：锯角叶甲或隐头虫。

在一开始，我就怀疑幼虫的壳的雏形是如何建造的。我的怀疑是有道理的，壳的雏形不是幼虫自己建造的，是它们的母亲赐予的，在扩建的时候，它们没有显示出母亲的艺术天赋，使作品失去了原先的优雅。可以说，长大的虫子便把母亲留给它们的花边扔到了一边。

第九章

水上搬运夫

——沼石蛾

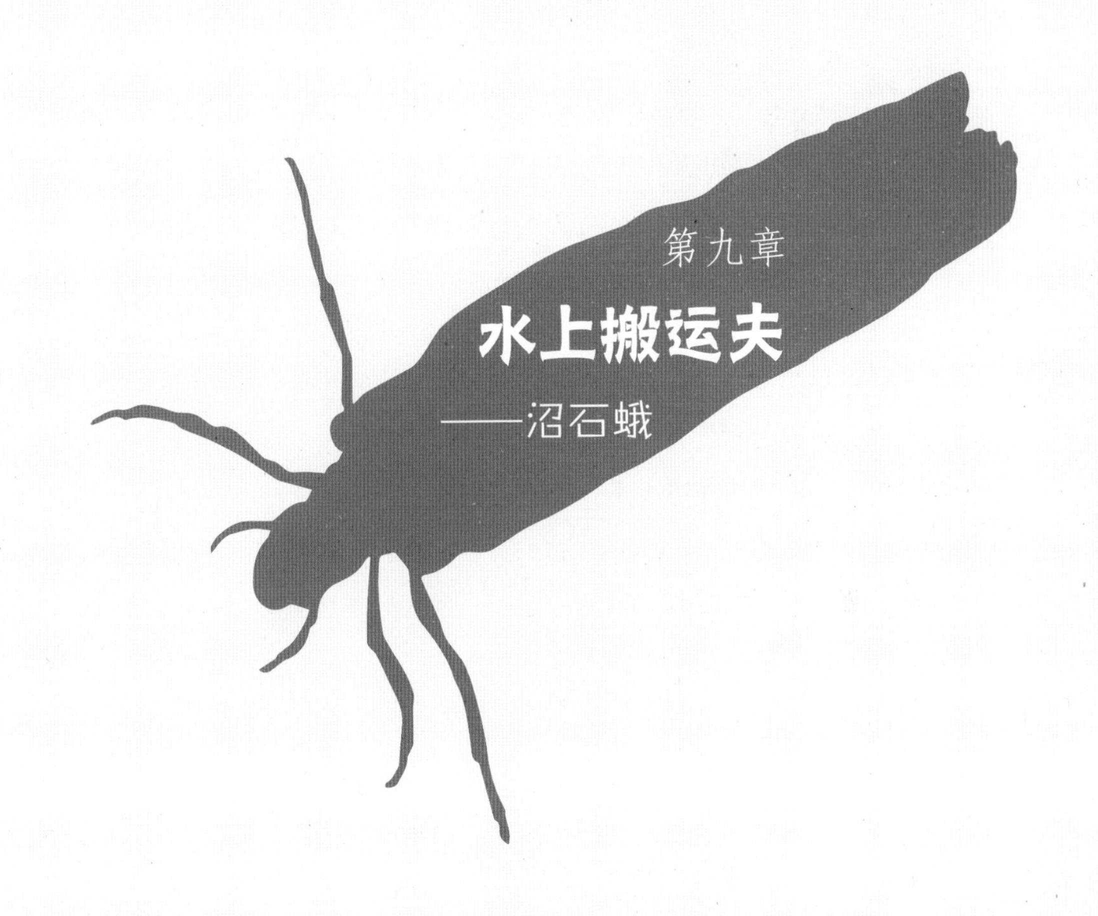

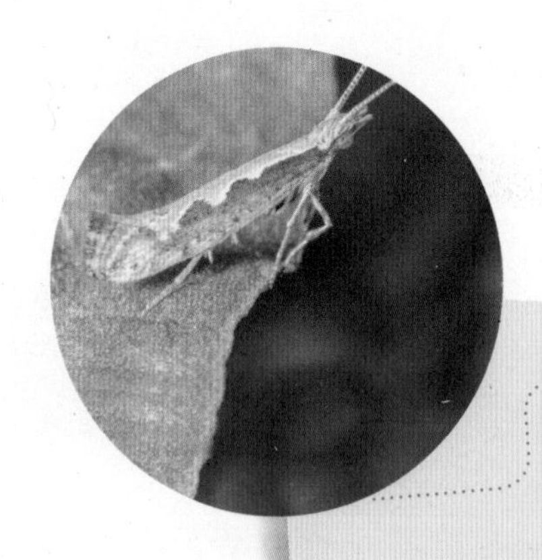

昆虫档案

昆虫名字：沼石蛾

身世背景：一种长着长触角的毛翅目昆虫，下颚有长须，没有咀嚼功能

生活习性：生活在壅塞着细小芦苇、水底满是污泥的死水中，搬运死水中细小的茎秆和芦苇残屑为自己修建居所；遇到危险时会抛弃居所，并重新进行修建

绝　　技：让重于水的房子浮于水面

武　　器：吐丝器、爪子

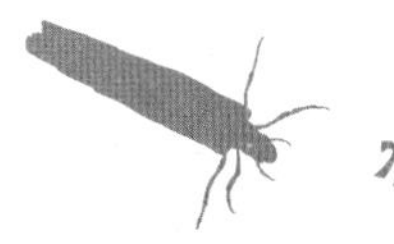

水上搬运夫

我准备了一个玻璃饲养槽，里面养着一些水草，这些水草可以让玻璃饲养槽永远保持干净。那么，谁会是这个饲养槽的客人呢？是个总是穿着奇装异服、爱臭美的家伙，没错，就是石蛾。我家附近有一个大池塘，水面上生活着五六种石蛾，这些石蛾各具本领，但是只有一种最让我倾心。

那是一种生活在长满了细小芦苇、水底尽是污泥的死水中的石蛾，普罗旺斯的农民称其为“搬运夫”“背猎袋者”，大名叫“沼石蛾”。它的主要工作就是搬运一潭死水中的细小茎秆和芦苇残屑。

它的住所就是一个流动的篓子，这是一个七拼八凑的简陋建筑，看起来十分混乱。它用各种材料来建造房子，毫无艺术天赋，把房子搞得虽然结实却很丑陋。而且它们还会频繁地改变自己的建筑，不知内情的人会以为这是不同建筑师的作品。

石蛾的幼虫们会用大颏把爆竹柳侧根截断成一根根的直棍，将这些直棍固定在篓子的边缘，与篓子的中心线垂直。这样一来，就建成了一个像是周围竖着刀剑的圆圈，更像一个乱蓬蓬的柴捆。在水草缠结的地方，这个柴捆就难以穿过了。

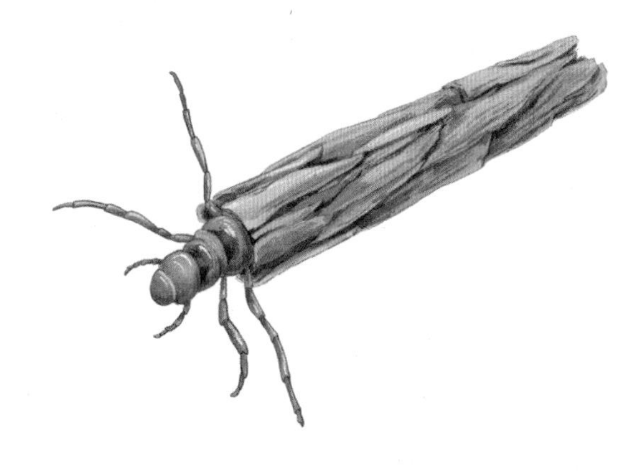

瞧，一只石蛾幼虫俨然成了一名杰出的木匠，正在爆竹柳截断的侧根中认真劳作着。

沼石蛾是一种生活在长满了细小芦苇、水底尽是污泥的死水中的石蛾，它的主要工作就是搬运一潭死水中的细小茎秆和芦苇残屑。

石蛾幼虫从藤柳编织工变成了木匠，找来各种各样的杂物，如茎秆、灯芯草管、枝杈碎屑、木头碎片、树皮碎片、大粒种子等。这些乱七八糟的东西，都被它胡乱叠放起来，有的横着放，有的竖着放，有的斜着放，结果弄出了一个荒诞不堪的堆积物。

随着幼虫渐渐长大，居所显得过于狭窄了，幼虫开始抛弃篓子的后部，往更宽敞的地方转移，最终篓子只剩下了最上面一层，这一层逐渐延长到了饲养槽的槽口。

篓子的一边常常用贝壳来装饰，这让整个建筑看起来非常怪异。一边是用贝壳镶嵌的艺术品，一边是粗糙难看的柴捆。简直无法相信这是同一个石蛾工人的作品。这个看起来十分糟糕的建筑者，搭建了混乱不堪的框架，又制作了精致的镶嵌艺术品。

这个镶嵌艺术品起始于最细小、最扁平的扁卷螺，而后用装饰物组成一个优美的螺旋线圆圈，乍看上去非常优雅；然而仔细一看，会发现石蛾根本就不在乎对称与协调，有时候会悍然把庞大的贝壳和细小的贝壳并列，造成物体毫无分寸地突然竖起。很显然，石蛾并没有精心挑选贝壳，它只是把自己能找到的东西——无论是瓶螺、田螺、椎实螺还是其他的东西——统统堆到螺旋圈里去。

此外，至于树皮、软体动物的壳，无论是什么破烂，石蛾都会收集起来，一股脑儿地堆到自己的建筑上去，唯独石头和小卵石不会被它接纳。

我找来一个容量不大的杯子，请三四只石蛾过来做客，想近距离地观察它们，更详细地了解它们建造篓子的过程。

我为石蛾选取了两种建筑材料，一种是活的水生植物，如水田芹、水母伞形体。水母伞形体的基座上有马鬃一样粗细的白色植物侧根，这些东西既可以作为石蛾的建筑材料，也可以当作食物。我给石蛾准备的第二种材料是一小捆干燥、整齐的细枝。这两种材料并排放着，任由石蛾选择。

乍临新的环境，石蛾经历了一阵恐慌和骚动，几小时之后慢慢恢复平静。它找来一根植物侧根，臂部像波浪一般不停起伏，不断对侧根进行

石蛾幼是个糟糕的建筑者，根本就不在乎对称与协调，有时候会悍然把庞大的贝壳和细小的贝壳并列，造成物体毫无分寸地突然竖起。

调整，最终将其制成了一个狭小的吊床。在吊床的基础上，石蛾不断用细枝进行加固和扩建，组合成一个摇摇晃晃的东西，它是不会吃这些作为材料的细枝的。

接下来，要开始正式工作了。石蛾在吊床的支撑下把身子伸长，用中间较长的爪子作为抓斗，抓住一截植物侧根，然后它爬上这个植物侧根上部，似乎是测量了一下，便把侧根剪断了。然后它快速后退，回到吊床边，用一对前爪把那截侧根横在胸前，不停地转动、放下，再举起，确定了安放的位置。石蛾的后爪长度适中，它在做这些工作的时候，后爪就用来支撑住身体。

石蛾稍稍后退，用前爪抓住植物侧根的中部固定好，吐丝器吐出少量的丝进行绑结，石蛾的头大幅摆动，以便自己在最大的范围内进行劳作。绑好了一截侧根，它便重复之前的工作，再抓来一根细枝，测量后截断，然后定位绑结。附近的材料用完了，它就将身体从支撑点往外伸，像做体操动作一样悬挂着，继续寻觅材料。

终于，它制成了一个篓子，这个篓子看起来非常不牢靠，也不匀称。石蛾钻进篓子，旋转着身体，不停地吐丝加固篓子。它的工作有条不紊，本应建造起一座协调精确的建筑，为何最终完成的却是一个杂乱不堪的东西呢？根源在于建筑材料，这些植物的侧根或大或小，或粗或细，或弯曲或笔直，千差万别，姿态各异，即便是最厉害的能工巧匠也无法用这种材料建造起整齐的建筑。很明显，石蛾才不会去关心建筑外表的美观，它只是需要一个能安身的窝而已。

我杯子里的客人，还向我展示了另一种建造房屋的方法。这一次，它选择的材料是几枝长满叶子的眼子菜茎梗，以及一捆干燥的细枝杈。它把一片叶子一分为二，在残留于细枝上的半个叶片上开始了自己的工作。

它先从临近的叶片下手，剪下半个叶片，然后用细丝固定住。如是操作了几次，便制成了一个圆锥形的囊袋，囊袋的口很大，比较宽阔，有角，还有错落不齐的垂花饰。

石蛾继续挥舞大剪刀，用新剪下的截段固定在门里边，来保证囊袋的延伸或收缩。最后，有飘动下摆的轻帷幔就这样放了下来，包裹住石蛾。

石蛾在暂时穿上眼子菜的优质丝绸或是水田芹侧根的呢绒后，接下来就要开始以现有篓子为基础，制作一个更牢固的篓子。但是附近材料短缺，必须外出寻找了。

我特意为它准备了一捆整齐干燥的细枝，它很快发现了这些材料，接着便做起了木工的活儿。它尽量将身体伸展开，细心地测量起长度来。

石蛾筑巢并不关心巢穴的外表，它使用的建筑材料杂乱不堪，或大或小，或粗或细，或弯曲或笔直，即使最厉害的能工巧匠也无法用这种材料建造起整齐的建筑。

石蛾用前爪把截好的细枝横放在胸前，然后退回住所，把这些截段放在篓子的边缘，然后开始像以前一样有条不紊地加工，渐渐搭建起来建筑的雏形。这一次，它搭建起来的建筑非常漂亮，这当然是因为我所提供的材料是优质的。这个建筑总体上呈多角形，匀称而整齐。由此可见，石蛾并非不能建造漂亮的建筑，只是它在自然的环境中，只能找到粗大的种子、木头的碎片、空贝壳、茎秆段等材料，这些乱七八糟的材料堆积在一起，最后只能是一个丑陋的大杂烩。

石蛾随身携带设计图纸，它可以制作精美的建筑，也可以制作丑陋的柴堆，结果完全取决于材料。我尝试着给它提供其他的材料，看它会怎样操作。

这一次，我给它提供的材料是洁白的大米，我曾见过它用鸢尾种子作为建筑材料，想来用大米建造房屋也不是件难事。果然，它用水芹的侧根构成篓子，又把大米或直着或斜着摆放起来，最后形成了一个优美典雅的象牙塔，看起来那么整齐漂亮。

事实证明，石蛾并不是一个愚蠢的家伙，它其实是一个技艺高超的建筑师，只要运气好，收集到优质的材料，就可以建造出漂亮的建筑。如果运气不好，收集到乱七八糟的材料，就只能建造出荒唐可笑的建筑。可见，正是贫穷导致了丑陋。

石蛾静止的时候，身体完全收缩，整个身子占据了管状空间，相当于水泵的活塞。

除此之外，石蛾还有一个优点，就是坚忍不拔的性格，就算被夺去了篓子，立即会再为自己制作一个。大多数昆虫不具备这一优点，它们总是按照习惯去做事，做过了便不会再去做了，被毁坏的部分劳动成果并不会引起它们的注意。石蛾则不然，它一旦发现了问题，便会立马去弥补。它这种技能是从哪里学到的呢?

起初，我的玻璃池塘里住着 12 只龙虱，后来又迎来了 2 只石蛾。我向天发誓，我真的毫无恶意。当石蛾建造起了自己的房屋后，那些龙虱海盗发现了猎物，它们立即向石蛾的堡垒发动了攻击。石蛾的篓子就这样被入侵者们毁坏了，贝壳和小片的木柴都被拔掉了。

眼看就要招架不住了，石蛾却偷偷地从篓子口滑了出来，就在龙虱的眼皮底下远走高飞。有眼无珠的龙虱继续攻击着篓子，却不知猎物早已不在了。当它们终于打开缺口，才发现篓子里早已空空如也。

龙虱是石蛾的天敌，石蛾不能抵抗龙虱，面对龙虱的入侵，逃走是最明智的选择。但是，它们不得不重建自己的家园了。这引起了我的思索，石蛾重建家园的本能，难道是为了应对龙虱或者其他敌人的迫害吗?毕竟，自然界的法则是：需要是技艺之母。

石蛾的篓子都是漂浮在水面上的，当我把石蛾从篓子里拿出来后，空篓子居然缓缓沉到了水下，这些用贝壳构成的篓子没有一个能漂浮在水面上。石蛾本身也没有漂浮在水面上的能力，这就奇怪了，当石蛾居住在篓子里的时候，篓子为什么能停留在水面上呢?

答案很快揭晓。我将几只石蛾放在吸水纸上。这只离开了居住地的虫子有些惴惴不安，缓慢地爬行着。它的身子有一半脱离篓子，爪子紧紧抓着支撑面，然后收缩身子，把篓子拉向自己。篓子半立着，有时甚至垂直竖立，就像牛头螺在行走时稍稍抬起甲壳那样。

过了 2 分钟，我把石蛾重新放进水里。这时，篓子垂直立在水面上，一个气泡从水面平齐的后孔里冒出来，篓子里没有了空气，慢慢开始往下沉。原来，它们会在篓子里制造临时气球来降低总体密度，从而让篓子漂浮起来啊。

现在，让我们来仔细观察一下篓子后部的构造。先把篓子的后部截去一段，这样就可以看到里面的横膈膜了。这个横膈膜是石蛾的吐丝器的作品，是篓子的奥妙所在。这个篓子无论外表多么丑陋粗糙，内部却是光滑匀称的，里面填充着缎子似的物质。石蛾在后部的丝缎里层挂上两个钩子，就可以进退自如了。这样，当整个身子和6只爪子都在外面时，它也能掌控住篓子。

石蛾不运动时，身体蜷缩成一团，像个活塞般堵住了房屋里的管状空间。它前行或者部分分离时，身体和管道间就有了一个空隙。这时，后孔就成了一个没有活塞的阀门，空隙便利用它把水吸了进来。这样，石蛾就能过滤这些含有空气的水了。

活塞运动还不能改变密度，为了达到目的，必须先上升到水面。于是，石蛾带着自己的小房子，艰难地浮上来，让身体后端露出水面，再向上推动活塞。

活塞的运动使得空隙中填满了空气，这样，整个小船和水手就有了足够的浮力。

石蛾不是一个合格水手，只能勉强做一些打转、掉头和后退的动作。小船缓慢地行驶着，石蛾并不着急，很多时候宁愿在原地待着。当它们晒足了阳光后，便缩回篓子，排出篓子后部的空气，让篓子慢慢下沉到满是泥沙的河床上。

石蛾并不在意建筑材料，只是需要注意篓子的总重量不得大于排开的水的重量，否则篓子就会在水塘底被流水推来推去，不能稳定下来。当然篓子也不能太轻，否则遇到危险的时候，篓子就不能快速下沉。

石蛾的篓子是在水底制成的，所以选取的材料也都是沉在河底的，很少有漂浮的物体。当石蛾想要在水面玩耍时，它才会把篓子带到水面上来。这样看来，石蛾的篓子有点像潜水艇呢！这么精巧的设计，对于石蛾来说根本就是信手拈来。

第十章 活动茅屋的主人

——蓑蛾

昆虫档案

昆虫名字：蓑蛾

英文名：psychid

身世背景：全世界已知的蓑蛾大约有800多种，翅膀发达、口器退化，幼虫身体肥大，能吐丝造成各种形状的蓑囊

生活习性：春天时最为活跃，多以幼虫和卵越冬；雄蓑蛾只有三到四天生命，雌蛾在产卵后死去，将一切留给自己的孩子；幼虫是林木、果树、行道树的重要害虫

绝　　技：用任何易于处理的材料为自己缝制新衣

武　　器：颚、爪子、吐丝器

活动的茅屋

春天的时候，只要你留心观察，便能在城墙下、小道旁看到许多移动着的柴捆，这或许会让你大吃一惊，为何没有生命的柴捆会突然移动起来呢？

只要再仔细观察一下，你便会恍然大悟，原来这些移动的柴捆里面有一只黑白相间的胖虫子。这些幼虫看起来茫然无措，不知道是在觅食还是在挑选某个适合蜕变的场所。它小心翼翼地露出脑袋和半截身体，六只爪子试探着，一有风吹草动，就会立即缩进柴捆中。

这些幼虫是蓑蛾的幼虫，它们没有暖和的外衣，便为自己修建了一个移动的茅屋，在长大之前，它们会一直在这个茅屋里生活。这个茅屋是用杂七杂八的小树枝建造成的，茅屋里面添加了一层厚厚的丝绸。这间茅屋便是蓑蛾的外衣，一如陶瓷是锯角叶甲的外衣一样。

四月的时候，天气转暖，在布满虫子的阿尔邦卵石地，我沿着墙壁找了一只悬吊着的蓑蛾。此时它正处在变态前的麻醉状态，无法给我提供更多的信息。

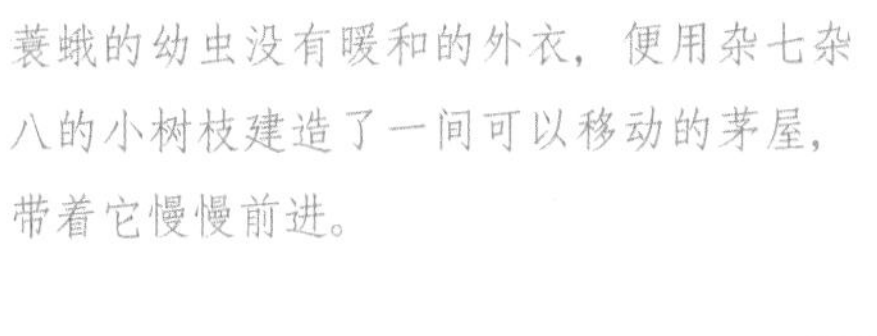
蓑蛾的幼虫没有暖和的外衣，便用杂七杂八的小树枝建造了一间可以移动的茅屋，带着它慢慢前进。

现在我们只能来了解一下柴捆的组成和构造了，那就让我们来看看吧。

柴捆呈纺锤形，长约4厘米，前端比较紧密结实，后端则宽而松，非常适合移动。不过这个看起来比较规整的茅屋，如果没有屋顶，也无法躲避日晒和雨淋。

用来搭建茅屋的材料，主要是一些富有髓质的残渣，还有柏树有鳞片的细枝、小块的木柴、禾本科植物的叶子等，富有髓质的残渣细小、轻薄而柔软，其他材料则比较粗糙。如果找不到圆柱形的构件，蓑蛾便会用枯干的树叶来补全外套膜。

从这些建设材料可以看到，蓑蛾除了偏爱富有髓质的食物之外，对其他的东西都不怎么挑剔，凡是轻而干燥的、被空气浸润的、大小适合的材料都会拿来直接使用，而不需要进行加工。它的工作比较简单，就像叠瓦一样把板条叠在一起。

为了保证工程的顺利进行，蓑蛾幼虫在放置材料的时候比较讲究，以不妨碍爪子的工作为前提，比如柴捆的前部不能在有碍工作的覆盖层，而需要一个灵活的、四面弯曲的圆筒。正因为如此，柴捆的前端是一个丝质网状结构的颈状物，上面布满了细小的木块。这些细碎的木块可以增加颈状物的坚固度，又不会影响其韧性。

对于蓑蛾幼虫来说，这个可以保证其灵活活动的颈状物是必不可少的，因此无论蓑蛾幼虫们的外衣有多么大的差异，其前端都必然有一个容易弯曲、触感柔软的细瓶颈。瓶颈的内部是由纯丝构成的，外壳则由细碎的残渣构成。这些残渣是幼虫用自己的大颏磨碎干燥的麦秆而制成的，这也让丝绒显得陈旧没有光泽。颈状物后面是外套的主体，外套的尾部比较长，半开着。

为了彻底弄清楚茅屋的构造，我决定拆开茅屋看看。我首先拆掉的是茅屋的栅条，不同茅屋的栅条数量也不相同，多的能达到80根。拆了栅条，便可以看到一个空心圆柱，圆柱的前部和后部都裸露在外，由光滑且柔韧的丝质物构成，内部是白色的，外部镶嵌着小木片——看起来粗糙且没有光泽。

幼虫茅屋的栅条数量也不尽相同，多的能达到80根。拆了栅条，便可以看到一个空心圆柱，圆柱的前部和后部都裸露在外，由光滑且柔韧的丝质物构成，内部是白色的，外部镶嵌着小木片。

茅屋的外表看起来很粗糙，内部却截然相反，主要是由柔软的丝绸和混合材料制成，毕竟茅屋是一件外衣，里衬是要皮肤直接接触的。混合材料是一种木质棕色的粗泥，上面覆盖着一层灰粉，这种材料既可以节省丝又可以加固外套。

不同的幼虫的外套，在布局上大同小异，在结构细节上却各具特色。我有幸观察过三种蓑蛾，就以其中的小蓑蛾为例来说说这个问题，在三种蓑蛾中，小蓑蛾是成长最慢、成熟最晚的一种。

六月底的时候，在住宅外面的一条土路上，我第一次发现了小蓑蛾。它的外套明显比其他蓑蛾的外套体积更大，也更整齐，外套的覆盖层比较厚密，覆盖层上还有许多小块。仔细观察覆盖层，我还发现其上有不同类型的中空小段和纤细的麦秆片，还有一些禾本科植物的叶子。

奇怪的是，我在小蓑蛾的身体前部并没有发现枯叶，要知道枯叶几乎是茅屋的通用材料了。小蓑蛾的外套上当然有一个细颈，但是并没有裸露的门厅，尾部用小栅条覆盖着。这种外衣正规而又整齐，虽然没有新奇之处，却透出优雅的味道。

在三种蓑蛾中，小蓑蛾的身材最小巧，茅屋也最朴素。冬末的时候，在橄榄树、榆树、圣栎树上以及墙上，甚至在粗糙的枯树皮里，只要你愿意，总能发现大量的这种虫子。它们的茅屋就像一个粗陋的小盒子，长度只有1厘米左右，由随便叠放的麦秆和丝质的里衬构成。它们真是俭省节约的小虫子啊。

这种虫子虽然其貌不扬，却即将为我们提供关于蓑蛾历史的原始资料。四月的时候，我曾抓了一些小蓑蛾放在金属钟形网罩下面。我不知道它们喜欢吃什么样的食物，好在如今的它们还只是挂在墙上或者树上的蛹，暂时不需要进食。

小蓑蛾幼虫把茅屋前端的出口固定在支撑物上，自己则倒挂着准备蜕变。六月底，成虫孵出，雄蛾从后部出口出去，后部出口常会被下陷的内壁挡住，先要把内壁推开才能出去。成虫离去后，茧壳的一半留在茅屋里，而茅屋会一直留在支撑物上，直到在自然界中灰飞烟灭。

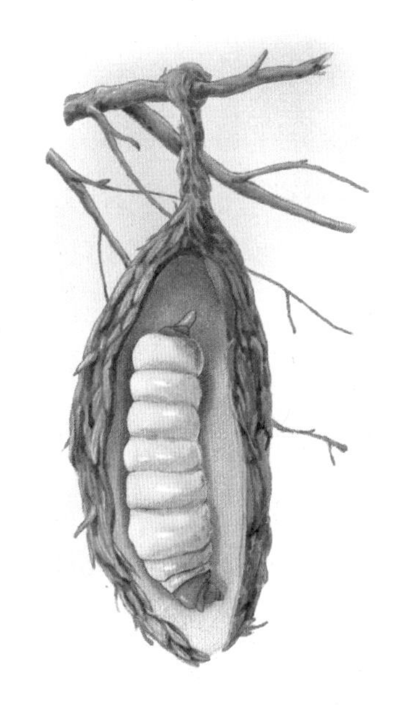

蓑蛾幼虫的蛹壳位于茅屋的底部，除了前端的裂口，其余部分完好无损。

破茧而出的小蓑蛾，虽然翅膀还不如苍蝇的大，但是很优雅。漂亮的羽毛装饰着它们的触角，丝状的流苏穗子装饰着它们的翅膀。它们在茅屋周围飞来飞起，不停地用触角探看茅屋里的情况，原来它们是在急切地追求雌小蓑蛾。

小蓑蛾的婚礼就在茅屋的后窗处进行，雌蛾足不出户，雄蛾停留一会儿便飞走了。整个过程，它们互不相见，自然也互不相识。

我找了几个刚刚举行过婚礼的柴捆，把它们放在玻璃试管里。过了几天，雌小蓑蛾走出了茅屋。它的模样让人失望，没有翅膀，也没有丝质的皮毛，看起来比幼虫还粗陋。它的腹尖有个环形的软垫，还有个白色的天鹅绒环圈，背部每一个体节的中间有一个黑色长方形的斑点，这些就是这个朴素的母亲所有的修饰了。

雌小蓑蛾的环圈中央，有一根竖着的输卵管，输卵管由两部分组成，第一部分是整个器官的基础，比较僵硬；第二部分较为柔软，就像刀插进刀鞘一样插进第一部分，也像望远镜放回镜盒。小蓑蛾蜷曲呈钩状，6只爪子牢牢地抓住茅屋的下端，然后将探测器插入后窗，它这是在排卵了。它一动不动地保持这个姿势，坚持了很久。

30多个小时以后，它终于产完了卵，把输卵管拔了出来。这个伟大的母亲，用尾部环圈上的毛把门窗关紧了，然后把痉挛着的身子死死地贴在门槛上，用自己的身体加固了子女的堡垒。

让我们打开茅屋，看看里面的情况。蛹壳在茅屋的底部，除了前端的裂口，其余部分完好无损。雌小蓑蛾没有碍事的翅膀和羽毛，圆柱形的身体在狭窄的通道里畅通无阻，这个蛹壳便是它给孩子们的礼物，没错，它把卵产在了蛹壳里。

为了便于观察，我把一个盛满了卵的蛹壳取出来放在玻璃试管里。没过多久，就在七月的第一个星期，这些卵迅速孵化了。遗憾的是，我还没来得及观察，就有将近40只幼虫穿上了衣服。

这些幼虫的衣服就像是用优质白色棉絮制成的波斯人的帽子，这个帽子没有顶，不过这个帽子没有戴在头顶，而是套在了下半身。当它们在试管里四处游荡的时候，帽子翻起来，几乎与试管壁垂直。

是时候考虑幼虫们的饮食问题了。可是几乎所有长在石头上和老树皮上的东西，我都找来给它们吃，它们却完全没有兴趣。它们似乎更在乎衣服，但是它们的衣服是如何生成的？对于这个问题，我仍然是一无所知。

好在，卵还没有全部孵化。我还有机会一探究竟，现在这些小家伙在弄皱了的卵膜里乱钻乱动。

小蓑蛾一次产卵数为 60 ~ 70 个，我把那些已经穿上衣服的幼虫转移走，把刚刚出生、赤裸着的幼虫留了下来，它们有着淡红色的脑袋，身长约 1 毫米。

雄蛾穿着半透明的、有着鳞片边缘的黑色礼服，从一个茅屋飞到另一个茅屋，一旦锁定了目标，便会轻轻地抖动着翅膀，站到裸露的门口等待雌蛾的出现。

到了第二天，这些小蓑蛾就迫不及待地从蛹壳前端的裂口爬了出来，它们毫不犹豫地抛弃了蛹壳，看来蛹壳并不是它们衣服材料的来源。那么，它们都到底是用什么来做衣服的呢？在虫茧的旁边，是小蓑蛾母亲留下来的旧衣服，那些小家伙冲着母亲的旧衣服飞奔而来，拼命地抢夺材料。有一些幼虫把茅屋内壁的柔软丝绸刮得一干二净，还有一些幼虫冲进隧道去抢夺棉布，这些材料将被它们制成外套；另有一些幼虫跑去啃咬柴捆，这些幼虫制作出来的衣服上不免有褐色的细粒，显得不够雪白。

小蓑蛾使用大颚来收集材料，大颚的每一边都有5颗坚固的牙齿，这些牙齿像齿轮一样咬合，不管是多么细的纤维都可以毫不费力地收集起来。我用显微镜来观察大颚的工作过程，不禁为其的精确和力度而赞叹不已。

小蓑蛾幼虫热火朝天地工作着，用巧妙的方法为自己制作了完美的衣服，这真是让我大开眼界！不必赘述，现在让我们转过头来观察第二种蓑蛾，这种蓑蛾个头更大，观察起来也更方便。

看，数百只蓑蛾的幼虫已经开始工作了，工地上一派热火朝天的气象！它们位于蛹壳的底部，旁边是它们出生的卵膜和各种被截成几段的、干燥而富有髓质的胚茎。

我屏住呼吸，透过放大镜仔细地观察这些蓑蛾工人。我想观察得更仔细一些，便用一根涂了胶的小树枝粘了一只蓑蛾工人，这个被拖离工地的小家伙拼命地反抗着，把身躯收缩成一团，想尽一切办法躲进自己的法兰绒背心里。然而，它的衣服还有完全做好，背心上的狭窄肩带还只能覆盖住肩膀的上部。为了让它缝出完整的衣服，我轻轻地吹了一口气，把它吹回了工地上。

这些小不点看起来弱不禁风，却勤劳、灵巧，更有娴熟的缝纫技巧，很快就用死去母亲的旧衣服为自己裁剪出了合身的衣服。再过一段时间，当它们稍稍长大后，便会开始施展木工的技巧，找来小栅条为自己建起一间茅屋。谁能想到，在如此微小的空间里，竟然也有如此巧妙的手艺呢？

在六月末的时候，第一种成虫形态的小蓑蛾出现了。雄蛾像自己的父辈一样走出了茅屋，开始去寻求雌蓑蛾。

雄蛾穿着半透明的、有着鳞片边缘的黑色礼服，触角宽大而优雅，也是黑色的。它们从一个茅屋飞到另一个茅屋，一旦锁定了目标，便会轻轻地抖动着翅膀，站到裸露着的门口旁。

雌虫是隐居着的，轻易不露面。但是它们并不矜持，反而非常急切，因为雄虫的生命只有三四天而已。迟迟等不到爱人的到来，在一个阳光明媚的早晨，雌蓑蛾的门口出现了一幕奇异的景象。

随着一堆纤细的絮团涌出来，雌蓑蛾的家门开始膨胀起来，露出了雌蓑蛾的脑袋和半个身子。雌蓑蛾不再被动等待，开始主动迎接求爱者了。然而，此时金属形罩下已经没有雄蓑蛾了。雌蓑蛾在门口等了很久，最后默默地返回了茅屋里。这样过了一天又一天，它每天都趴在门口等待，絮团在阳光下慢慢消散。

终于，雌蓑蛾失望了，它回到了自己的客厅，从此再也没有出来过。

倘若在自然的环境中，数不清的求婚者会从四面八方赶来，然而在我的钟形罩里，它迎来的却是一场悲剧。是我害了它，不仅如此，由于不好把握钟形罩的平衡，当它在窗口俯下身子的时候，还常常掉落下来。

赤身裸体的雌蛾就这么掉了下来，正好让我看到了它的全貌。它看起来像是一截丑陋的土黄色小香肠，我几乎看不到它的头，因为它的头太小了；它的爪子也很短小，这制约了它的移动能力；它身体的前半部分呈半透明的淡黄色，几个体节下面有黑环，身体的后半部分装满了卵，有环形的软垫。环形的软垫是纤维丝绒的残留，当它在狭窄的通道内移动的时候，软垫就会变成一个絮团。

这个可怜的虫子，身体的大部分都用来装卵了，前进的时候指望不上短小的爪子，只能靠身体的蠕动来移动。当它蠕动的时候，尾部便会升起一道波浪，这道波浪缓缓扩散到头部，每一轮波浪只能让它前进 1 毫米。

在自然的环境中，当雌蛾从茅屋里掉下来的时候，雄蛾们熟视无睹，毫不在意它的死活。难道说，离开了茅屋的雌蛾就毫无吸引力了吗？落难的雌蛾在这样的环境下是无法生育的，几天之后，它便会因为体力衰竭而死去。

因此，雌蛾会小心翼翼地待在茅屋里，防止意外发生。等到和雄蛾参加完婚礼后，雌蛾便会缩进茅屋，从此再也不露面了。耐心地等了 15 天之后，我用剪刀剪开了茅屋，在茅屋宽敞的底部，我看到了一个琥珀色的蛹壳，敞开的蛹壳尖端正对着出口。蛹壳里装满了卵，但是还没有生命的迹象。

蛹壳的前部有一堆非常纤细的絮团。这个絮团是蓑蛾母亲的毛堆积而成的，为了给自己的孩子准备一张柔软的床，伟大的母亲不停地用身体摩擦茅屋内壁，从而让身上的毛脱落下来，甚至用嘴把身上的毛拔下来。

这张床和雌蓑蛾蜕下的皮共同构建了一道防护屏，幼虫孵出后可以在这个暖和的地方稍事休息，然后再开始工作。

蓑蛾母亲在还是幼虫的时候，就开始为子女们工作了，显然它作出了巨大的贡献。现在还有一个疑问没有得到解答，雌蛾到底是怎么产卵的呢？

前两种蓑蛾的输卵管没有像望远镜一样的深锁功能，它从不迈出门槛，产卵的时候也是一样。参加完婚礼后，它们便退到茅屋的底部，钻进蛹壳，再也不出来了。换句话说，它们从来都没有产卵，它们的身体就是一个袋子，卵一直都在这个袋子里。

不久之后，这个用雌蛾的身体做成的卵囊渐渐干枯了，皮肤粘结在蛹壳上，形成了一层坚固的防护层。透过放大镜，我们可以在蛹壳中看到一些瘦肌肉束、神经小支以及其他的一些纪念物。简而言之，雌蛾就这样凭空消失了，只剩下300多个卵。可以说，雌蛾本身就是一个巨大的卵巢。

茅屋与传承

在炎热的六月上旬，蓑蛾的卵终于孵化了。初生的幼虫大约2毫米长，可以明显地区分出头和体节了。幼虫的第一体节乌黑发亮，后面的两个体节是灰色的，其余的体节呈淡琥珀色。它们精力旺盛，在一团绒毛中敏捷地穿行着。

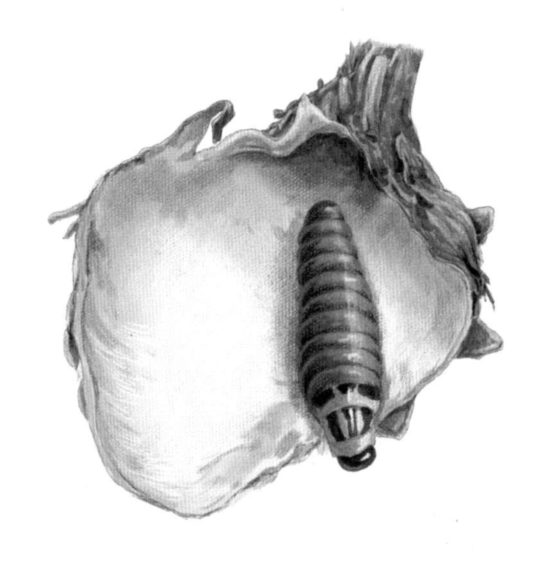

初生的幼虫大约2毫米长，可以明显地区分出头和体节了。它的第一体节乌黑发亮，后面的两个体节是灰色的，其余的体节呈淡琥珀色。它们精力旺盛，在一团绒毛中敏捷地穿行着。

我曾在书上看到这样的描述，说出生的蓑蛾会吞食自己的母亲。这种说法简直令人发指，根本就是不负责任的污蔑！蓑蛾母亲为自己的孩子奉献了一切，它的身体在孩子出生之前便已经几乎化为乌有，哪里还有什么东西供孩子们吞食呢？

就算是雌蛾还剩下完整的皮肤和蛹壳。据我的观察而言，这些母亲的遗物全都完好无损，幼虫绝对没有啃噬母亲的遗体，它们没有吃掉自己的妈妈！

孩子们出生了，它们爬到母亲半透明的颈部，轻轻一推，便打开了天窗。蓑蛾母亲用一次自我了断，为孩子们开辟了通往外界的道路。现在，孩子们来到了母亲的蛹壳前，蛹壳本来就有出口，它们通过出口，来到了母亲准备好的绒毛堆里。它们在母亲的绒毛里暂住下来，一边休息，一边练习走路，为接下来的迁居做准备。

养精蓄锐的阶段结束之后，三五成群的幼虫们便在茅屋里四散开来，它们开始在母亲的旧衣服里搜寻合适的材料，为自己裁剪出一套合适的小衣服。它们都是天生的裁缝，就连人类的工业技术也不能与其相媲美。它们把一小团一小团的絮状物收集起来，再用丝绒连成一条笔直的花饰。然后，把这条花饰围在腰部——也就是胸前第三体节附近，然后用丝线把花饰的两端系起来。这条花饰像是一条武装带，既漂亮实用，也不会妨碍爪子的自由活动。

这还不算完，幼虫还在不断地往花饰上增加绒毛屑。大颚不断切割髓质碎屑，吐丝器上下翻飞，把碎屑固定在花饰上，原来花饰就是制作整件衣服的基础啊！随着肩带、背心和短上衣连接成型，幼虫开始制作身体后面的大袋子。几小时后，缝纫工作告一段落，这件漂亮的衣服就像一个白色的圆锥形风帽。幼虫迫不及待地钻了进去，穿上了自己亲手制作的衣服。直到这时，它们才低下头吃了几口饭。

如果小蓑蛾幼虫们没有找到母亲的旧衣服，它们会收集旁边的材料为自己裁制新衣吗？

如果没有母亲遗留下来的旧衣服，幼虫们会仔细搜集资料制作新衣吗？带着这个疑问，我把几只幼虫请进了玻璃试管，试管里没有母亲的旧衣服，只有几条从类似蒲公英的植物茎梗中截取的、剖开的细枝。

幼虫们似乎并没有受到太大的影响，对于我所提供的材料，它们显得很满意，立即开始收集细枝中的白色髓质，为自己制作风帽了。我所提供的材料，比母亲留下来的旧衣服更加干净新鲜，所以它们制作出来的风帽也更加漂亮。

然后，我又把扫帚上的髓质小圆秸提供给几只幼虫，让它们来加工衣服。它们又给了我一个惊喜，制作出来的风帽上有着水晶般的闪光点，就像是一座用糖块搭成的建筑。

它们对材料几乎没有什么要求，无论我提供的是普通纸条、吸墨纸还是其他的什么东西，它们毫不犹豫地开始用这些东西缝制衣服，而且劲头十足、欢天喜地。

有些幼虫没能找到材料，转而打起了试管软木塞的主意，它们用软木塞为自己制作了一件细粒状的风帽，穿起来还挺合身的。

一些没有得到材料的幼虫，立即开始收集细枝中的白色髓质，为自己制作风帽了。

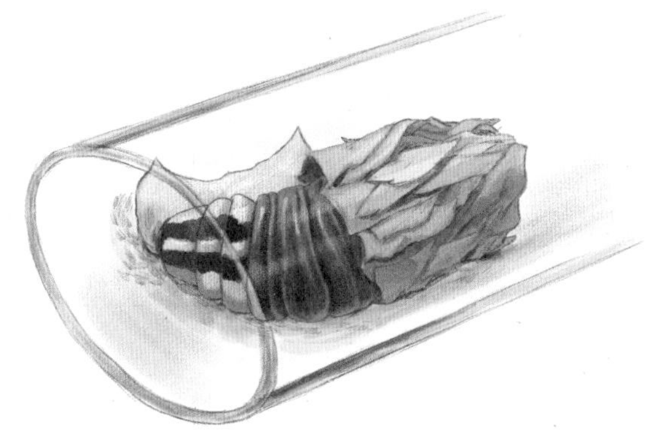

以上的各种试验证明，只要是植物性的材料，不论是潮湿的、干燥的、轻的，蓑蛾幼虫处理起来都不在话下。那么，它们是否能够处理动物性的或者矿物性的材料呢？

试管里还剩两只光溜溜的蓑蛾幼虫，现在已经没有任何材料可供它们使用了。我从大孔雀蛾的翅膀上剪下了一根细带子，放在试管底部，看看它们如何使用。

两只小虫子面对着这条细带，陷入了矛盾之中。它们犹豫了很久，不知该如何下手。其中一只小虫子选择了放弃，决定光着身子死去。另一只虫子鼓足勇气，开始尝试用细带裁剪衣服，最终它为自己制作了一条极其精致的灰色天鹅绒衣服。

让我们来继续做试验。我为4只蓑蛾幼虫找来了一种新奇的材料——一块鳞状结晶赤铁矿上碎屑。这些碎屑就像蛾蝶翅膀上的粉尘一样，极其细小且闪闪发光。

整整一天过去了，4只幼虫仍然在犹豫。第二天，3只幼虫选择了放弃，只有1只幼虫站了出来，它用这些碎屑为自己制作了一顶金属小平面的帽子，这顶帽子就像教皇的三重冠一样。

这身金属的衣服十分华丽，闪耀着彩虹般的光泽，但是也十分笨重，穿着它简直寸步难行。幼虫显然对这身衣服不太满意，于是我又给它提供了一些细薄的髓质材料。它发现了新的材料，立即脱下了沉重的衣服，开始为自己制作新的衣服。

蓑蛾幼虫可以不吃东西，绝对不能没有衣服。我把一只幼虫从山柳菊的叶子上取走，那些绿色的叶子既是它的食物也是它制作衣服的原料。两天之后，这只赤裸着的幼虫又被我放回了叶子上，这时它立即冲了过去，用绿叶制作起衣服来，而不是大吃大喝。当制作完一整套衣服后，这只幼虫才想要吃点东西。

对于蓑蛾幼虫来说，为什么衣服这么重要呢？是因为害怕寒冷吗？可是如今正是炎炎夏日，我的工作室更是闷得像个火炉，它们怎么会感到寒冷呢？

当我把幼虫转移到炙热的阳光底下时，幼虫扭动着身体，显得极为难受，但是它们不仅没有放缓缝制衣服的速度，反而更加快了速度。难道它们害怕阳光，所以为自己制造一个隐蔽所吗？衣服是用来遮挡阳光的吗？

为了验证这个想法，我把幼虫从衣服里拖出来，又把它放进一个角落里的硬纸盒里。纸盒里的温度接近40℃，而且绝对没有一丝阳光。在这样的环境下，它们应该不需要衣服了吧？不料，仅仅用了几个小时的时间，它们制作出了一身新衣服。看来，温度、阳光都不是它们制作新衣服的原因。它们到底是为什么要制作衣服呢？一时之间，我也陷入了迷惘之中。

随着时间的流逝，气温渐渐降低，冬天的脚步近了。寒冬的冰霜开始考验幼虫们的才能。其他种类的幼虫纷纷用私囊里的掩蔽所、树叶间的小屋、地下的巢穴、茧以及有毛的屋顶来抵御寒冷，蓑蛾的幼虫们又是怎么做的呢？它们的方法很简单，只是在衣服的外面加了一个屋顶，这个屋顶是用茎秆按照叠瓦或者辐射状排列而制成的。有了这个屋顶，无论是冰凉的露水还是融化的雪水，都不会渗进衣服里。幼虫们缩在自己辛苦制作的寒衣里，舒舒服服地渡过严寒的季节。

原来，它们所缝制的衣服，就是冬天的隐蔽所啊！真是一种目光远大的虫子！它们一出生便开始为未来考虑了，它们必须在寒冬到来之前做好充分的准备，要知道御寒的衣物可不是一蹴而就的，需要不断地进行完善和增厚，所以它们不能浪费一丝一毫的时间。

如今，在我那封闭起来的容器里，生活着1000多条蓑蛾幼虫。它们全都穿戴整齐了，在宽敞的容器里四处寻觅着。它们在找什么呢？当然是在找食物了，经过了辛苦的劳作，是时候要吃点东西来补充体力了。

它们吃些什么呢？这些小虫子似乎并不为食物而烦恼，它们知道一定有人会给它们准备好的。但是这却给我出了一道难题，为此我忧心忡忡、殚精竭虑，这可不是一件轻松的工作啊，而我却坚持了这么久！

如今，我就是这1000多条小生命的养育者，我必须给它们提供充足的

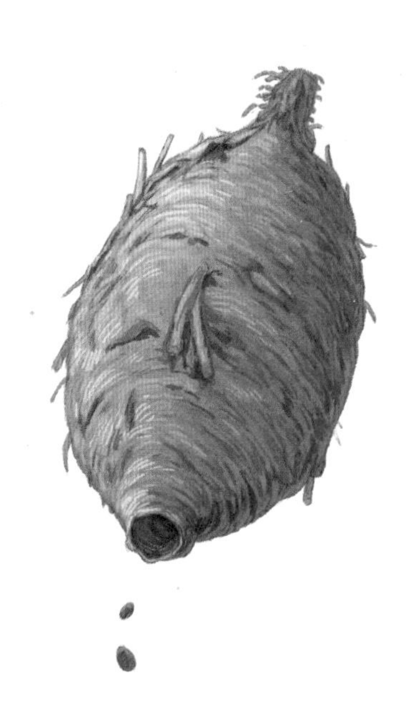

圆锥形的袋囊在昆虫的推压下形成了一个尖端，上面有个永久性的孔洞，幼虫就是通过这个小孔把排泄物排出的。

食物。为此我不得不用各种食材来做试验，以摸清它们的胃口。一天晚上，我给它们提供了一些榆树的嫩叶。第二天，我发现它们在榆树叶上留下了一个个小窟窿，而且叶片上还散布着黑色小颗粒。这是个好现象，说明它们吃下了榆树叶，而且肠胃开始运动，留下了排泄物。我松了一口气，觉得自己终于找到了正确的食材，可以养活这些小家伙了。事情真的这么简单吗？

我不敢确定我已经成功了，仍然给它们提供多种多样的食物以供选择，然而幼虫们开始厌弃我的食物了，最后它们连榆树叶都不闻不问了。这让我茫然无措，就在我想要放弃的时候，偶然间在它们的衣服上看到一些山柳菊的碎片。猛然间我想了起来，在自然的环境中，它们就很喜欢山柳菊，是不是山柳菊就是它们想要的食材？让我们试试看吧。

第二天，我把一些山柳菊放进了容器了。太好了！幼虫们看到这种食物，马上成群结队地扑了上来，并始大吃大嚼起来。最后，树叶的正面都被吃光了，只有背光面还留了下来。

解决了粮食的问题，再来看看它们是如何清理食物残渣的吧。它们的衣服都很漂亮，我无法想象这些洁白的帽子里堆满排泄物的景象。我拿起放大镜观察它们的服装，发现衣服椭圆形尾部的尖头并没有封闭起来。当幼虫的身体往后缩的时候，尖头就会出现一个小孔，幼虫就是通过这个小孔把排泄物排出的。排泄完了，幼虫的身体往前拱一拱，小孔就自动关闭了。天哪！幼虫的衣服简直就是一部精巧的机器！

随着小蓑蛾幼虫渐渐长大，衣服会不会太紧了呢？不会，它们的衣服永远合身。是不是它们也像个蹩脚的裁缝一样，把衣服剪开，加上一块补丁再缝上？当然不是了，它们的方法高明多了。它们会持续不断地缝制衣服，新的在前，旧的在后，永远适合不断长大的身体。

现在，我可以很方便地观察蓑蛾幼虫的成长。不久之前，我看到几只蓑蛾幼虫用高粱髓质为自己制作了一件优雅的水晶风帽，我把它们单独请出来，给它们提供了一些老树皮上的柔软的褐色鳞片。只用了一天的时间，它们就让自己的风帽焕然一新，除了帽尖，其他部位全都变成了棕色。又过了一段时间，完全看不出原来的衣服的样子了，加工后的衣服仿佛是用棕色的树皮粗呢制成的。

于是，我便把它们送回了布满高粱髓质的地方。不久之后，它们的衣服又渐渐变成了水晶般的风帽，只有风帽顶还残留了一些棕色的痕迹。第一天还没过完，它们的衣服已经完全变成了从前的样子。

随着蓑蛾持续不断的工作，早先缝制的布料片片脱落，茅屋也随之不断更新。这样的茅屋又怎么会显得狭窄呢？

夏去秋来，绵绵的秋雨为蓑蛾敲响了警钟，不久之后冬天的脚步又近了。随着温度的持续降低，衣服也该换季了。蓑蛾开始为自己缝制厚厚的防水斗篷了。这时，它们的工作看起来不合规矩，随便把各种杂七杂八的材料碎片堆积到衣领的后面。为了便于向各个方向弯曲，衣领要一直保持着弹性。

这些乱七八糟摆放的材料，只是建造屋顶的第一批材料，这批材料不需要很多，也不会影响整座建筑的匀称。随着建筑工程的持续推进，凌乱的感觉渐渐消除了。

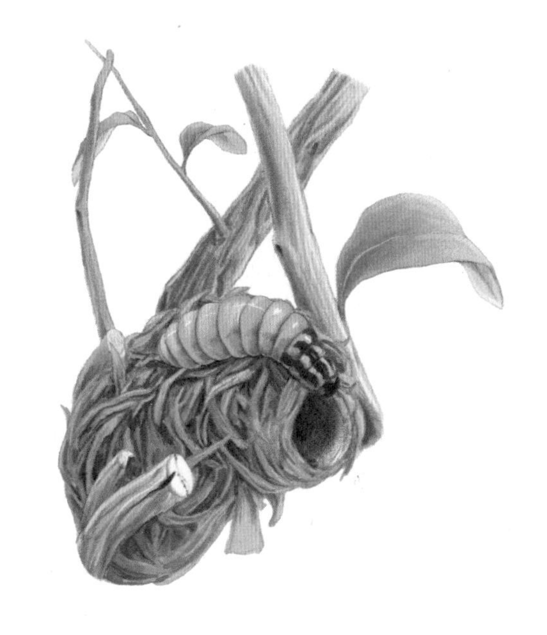

冬天临近了，蓑蛾开始为自己缝制厚厚的防水斗篷了，看起来，它们的工作很不合规矩，只是随便把各种杂七杂八的材料碎片堆积到衣领的后面。

接下来的材料都是精挑细选出来的，并被严格地按照纵向排列。蓑蛾用爪子不停地转动着小块的材料，冷不丁地用大颚在材料的一端咬一口，然后迅速把材料固定在袋囊颈部。

材料码放整齐后，还需要对其粗糙的表面进行抛光。然后，蓑蛾用大颚撬起梁架在空中挥舞，依靠臀部的运动搁置背上，吐丝器立即对准顶端加工，一下子就牢牢固定在需要的部位上。

整个秋季，蓑蛾都在不停地做着枯燥乏味的工作。当冬天终于到来的时候，一切也都准备就绪了。在这个温暖的茅屋里，它们安享舒适的生活，直到炎炎夏日再次到来的时候，它们才会出来活动。到那个时候，它们会在小路上散步，会在草坪中旅行，累了就停下来吃点东西。等到变态的时刻，它们就把自己悬挂在墙上。

时间总是匆匆流逝，冬去春来，我突然对蓑蛾幼虫做了个恶作剧。我把这些四处游荡的家伙捉回来，拆掉它们的茅屋，再给它们提供一些蒲公英茎秆，这些茎秆已经被我剪成了合适的尺寸。

面对这飞来横祸，幼虫们没有时间怨天尤人，它们立即冲到材料堆

蓑蛾幼虫费力地挪动着自己的小屋，直到精疲力竭。这个茅屋像个船形雪橇，在穿越障碍，钻进、滑动时毫无困难。

下面，匆匆忙忙地赶制新的衣服。它们不停地用嘴把材料拿过来，也不管材料的轻重、长短是否合适，只管用吐丝器胡乱捆绑起来。如今，它们已经没有心思去管衣服是否整齐漂亮了，只想着尽快完成这项工作。

终于，它们建起了一些看起来非常丑陋的东西，这些东西还不如那些茅屋废墟呢。幼虫们已经管不了那么多了，一刻都没有停下手头的活计。最后，它们终于弄好了一个容身之所。这件作品简直糟糕透了，袋囊的质量尤其低劣，臀部轻轻一碰就会让其下陷发皱。理想的茅屋应该是便于主人活动的，如今这个匆忙赶制出来的劣质品根本做不到这一点，里面掺进了许多沙子，十分沉重，还有许多细刺，移动的时候还会沾上尘土，简直寸步难行。幼虫早已没了闲情逸致，它们在粗陋的茅屋里扭来扭去，十分痛苦。

我尝试着唤醒它们的木工本能，期望它们能振作起来再为自己制作出雅致的衣服出来。然而，它们显然已经失去了耐心，匆忙结束了木工的活儿，又开始锲而不舍地编织了。

对于蓑蛾来说，失去的东西已经是覆水难收，不可能重新开始了。就算是它们付出了巨大的努力，终究还是无法挽回了。这些不久前还生机勃勃的蓑蛾，即将迎来惨淡的结局。

第十一章

夜间访客

——大孔雀蛾

昆虫档案

昆虫名字：大孔雀蛾

身世背景：主要分布在欧美各地，长相俊美，身体呈栗色，翅膀上布满了灰色和褐色的斑点，边缘有一圈乳白色的带状物，中央有个圆圆的斑点

生活习性：幼虫喜食杏树叶，茧在5月孵化；成虫无法进食，雄蛾只能存活两三天，雌蛾如果无法产卵，也会很快死去

绝　　技：分泌一种特殊的汁液，以此来远距离传递信息

武　　器：腹部

出类拔萃的大孔雀蛾

欧洲最大的飞蛾就要属大孔雀蛾了。大孔雀蛾穿着栗色天鹅绒外衣，系着白色皮毛领带，翅膀上布满了灰色和褐色的斑点，翅膀的中间还有一条浅灰色的细带穿过，细带的边缘呈烟熏白色，中间有一个像瞳孔一样的圆形斑点。整个翅膀五彩斑斓，漂亮极了。

大孔雀蛾的幼虫同样出类拔萃。

5月6日上午，在我的实验桌上，一只雌大孔雀蛾孵化了。我赶紧用钟形金属网罩把它罩住。当时的空气很潮湿，这只大孔雀蛾幼虫浑身湿漉漉的，我因为一些事情，没有及时进行处理。

晚上9时，就在我准备睡觉的时候，隔壁突然想起了一阵嘈杂的声音。我和和家人拿着蜡烛赶了过去。声音出自我做试验的那个房间，房间里的情景吓了我一跳：一群像鸟一样大的大孔雀蛾围着钟形罩上下翻飞，有的

大孔雀蛾穿着栗色天鹅绒外衣，系着白色皮毛领带，翅膀上布满了灰色和褐色的斑点，翅膀的中间还有一条浅灰色的细带穿过，细带的边缘呈烟熏白色，中间有一个像瞳孔一样的圆形斑点。

停在钟形罩上，有的撞到了天花板。当我们走进房间的时候，它们有冲着蜡烛飞来，用翅膀把蜡烛扑灭。它们还用翅膀扑打我们的肩膀和脸。

不仅如此，还不断有大孔雀蛾从野外赶来，最后整个房间里竟然有了将近40只大孔雀蛾。看来，我的这只正值婚龄的大孔雀蛾具有神秘的魅力，通过某种信息吸引来了这么多求爱者。天色已晚，我无意打扰这些被爱情冲昏了头的大孔雀蛾，改天再做试验吧！

此后，连续8天，在晚上8～10时，一只又一只大孔雀蛾穿过漆黑的夜色，匆匆赶了过来。在没有一丝光亮的夜晚，一路上障碍重重，就算是猫头鹰都不会一帆风顺，它们却没有碰撞任何东西就抵达了目的地。它们所装备的光学仪器，就连视觉敏锐的夜枭都自愧不如。

实验室里的窗户是开着的，但是很少大孔雀蛾从窗户里飞进来，它们大多从楼下上来。穿过楼梯，它们被关得严严实实门挡住了去路。

这些痴情的大孔雀蛾，不畏路程的艰难而赶来参加婚礼。让我感到疑惑的是，它们到底是从哪里得到消息的呢？有人说，它们那漂亮的羽毛饰——触角，就是它们的探测器。

我还是更相信试验得出的结论，那么就让我们用试验来检验吧！早在5月7日那天，我就在实验室捉到了8只不速之客，当时它们一动不动地待在紧闭着的窗户上。这正是理想的试验对象。我用剪刀剪掉了它们的触角，在做这个手术的过程中，它们几乎没有任何反应，甚至连翅膀都没有拍打一下。真是太好了，它们并没有因为痛苦而发狂！然后，我把雌蛾转移到距离实验室50米以外的地方。现在，就让我们来看看，失去触角的它们是否还能否在晚上找到信号吧。

当夜幕降临的时候，我打着灯笼来到了雌蛾新的藏身之处，并将随之而来的客人们抓起来并做了分类，然后把这些客人单独关押起来。这样一来，我就可以得到我想要的结果了。

10时半的时候，这次试验宣告结束。我一共抓到了25只大孔雀蛾，其中有一只没有触角。

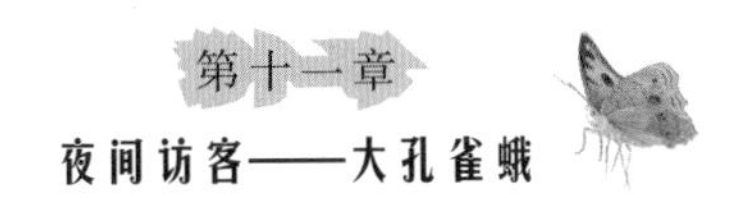

在这次试验中，6 只被我剪掉触角的大孔雀蛾，只有一只找到了雌蛾。这能说明触角并不是探测器吗？答案是否定的，我需要做一个更大规模的试验。

我把这次试验捉到的 25 只大孔雀蛾作为试验对象，那只被我剪掉触角的大孔雀蛾已经奄奄一息了，被我排除在外，其他的 24 只被迫接受了剪除触角的手术。之后，我再次转移了钟形罩。

24只被我剪掉触角的大孔雀蛾，有8只当时就不行了，很快就死去了。剩下的16只，最终也没有找到钟形罩。这说明，对于大孔雀蛾来说，剪除触角的后果很严重。但是我仍然不能确定触角的作用。

在第4天晚上，我又捉了14只大孔雀蛾，并在它们熟睡的时候拔掉了它们的一些胸毛。这次，我没有切除它们的任何器官，而为它们理发，只不过是做一个标记而已。

然后，我再一次转移了钟形罩，还是在那个时间段，我又一次在钟形罩周围抓到了20只大孔雀蛾，其中有2只是被拔掉了胸毛的。为什么有12只大孔雀蛾没有找过来呢？如果触角真的是探测器，它们的探测器是完好无损的呀！此时，我发现，凡是被我抓到并囚禁过的雄蛾，全都显得虚弱不堪。

对于这个现象，我认为只有一个解释：强烈的求婚欲望，把它们折磨得筋疲力尽。

对于大孔雀蛾来说，结婚就是生命的唯一意义。它们不惜踏破铁鞋，也要找到伴侣，来完成传宗接代的使命。飞蛾状态的雄蛾，它们没有完善

对于大孔雀蛾来说，结婚就是生命的唯一意义。它们长途跋涉寻找伴侣，只为完成传宗接代的使命。

的口腔器官，无法进食，所以生命只有两三天，时间实在太紧张了。

我的雌大孔雀蛾仍然不停地招来雄蛾，8天之中，一共迎来了150只雄蛾。大孔雀蛾喜欢栖息在老杏树上，本地的老杏树很少，而且我从没有在这些老杏树上发现过大孔雀蛾。我敢肯定，这150只大孔雀蛾来自更遥远的地方。它们是怎么找到我的实验室的呢？

追寻远距离的目标，只能通过三种途径：光线、声音和气味。

这里所说的光线，就是所谓的视觉吗？难道穿过窗户来到钟形罩旁边的大孔雀蛾，是因为受到视觉的指引？如果是这样的话，那么大孔雀蛾必须具备看到几千米之外的一个小小钟形罩的视力，而且还是能够穿透厚厚的墙壁的视觉！这简直匪夷所思！

那么大孔雀蛾是通过声音找到钟形罩的吗？就算是雌蛾发出了声音，这个声音也不可能传到几公里以外的地方去。

利用排除法，看来只能是嗅觉在起作用了。雄蛾之所以能找到钟形罩，是闻到了什么气味吗？不得不承认，许多生物的嗅觉比人类要灵敏多了，能够闻到人类所无法察觉的气味。事实是这样吗？

我们还是来做一个简单的试验好了。我在放置钟形罩的房间里撒满了樟脑丸，用樟脑丸那强烈且不易挥发的气味，来压制雌蛾散发出来的味道。保险起见，我还在钟形罩的旁边放了一个装满了樟脑的圆底器皿。然而，我的这些努力根本就没有起到任何效果，大孔雀蛾照旧准确找到了钟形罩，压根就没有受到丝毫干扰。

现在可以排除嗅觉这个因素了。我还能怎么做呢？研究已经失去了方向。我的雌蛾没有再给我机会，第9天，它在茫然的等待中死去了。我的试验只能留待明年了。

这一次，为了顺利完成试验，我提前开始准备工作。夏季，我买来了许多大孔雀蛾幼虫，用扁桃树的枝叶来喂养它们，过了几天，它们就结出了优质的虫茧。冬季，我又从各处找来了大量的大孔雀蛾虫茧。我在这些虫茧中挑出了12个又大又重的，它们就是雌蛾的茧。

雄大孔雀蛾绕着钟形罩的圆顶转来转去，使劲扑打着翅膀，围着钟形罩盘旋，迫切希望见到里面的雌大孔雀蛾。

因为准备充分，我对第二年的试验充满了期待。然而，我又一次大失所望。由于气候的变幻莫测，卵大大延后了孵化的时间，大孔雀蛾直到寒冬腊月才破茧而出。严寒的天气让雄蛾失去了恋爱的激情，雌蛾的魅力也便无从谈起。

一年的工夫全白费了。我开始第三次试验，这次终于重现了大孔雀蛾大规模入侵的场景。

白白浪费了一年的工夫，在第三次试验的时候，我终于等来了期待已久的场面。大孔雀蛾开始大规模入侵了！每天晚上，都有成群结队的大孔雀蛾来拜访钟形罩里面的雌蛾。雌蛾紧紧抓住金属网，一动不动，默默地等待着。我闻不到任何气味，也听不到一丁点的声响。

雄蛾们使劲扑打着翅膀，围着钟形罩盘旋。它们都试图冲进玻璃罩中，毫不理会其他的竞争者。可无论它们如何努力，也无法突破钟形罩，不断的失败终于让它们灰心了，最后从敞开的窗户里悻悻离去。它们离开了，更多的雄蛾又飞了进来。

我每天晚上都会把钟形罩转移到一个新的地方，有时候放在南边，有时候放在北边，有时候放在底楼，有时候放在二楼，还有的时候放在露天的地方。最后，连我自己都晕头转向了，但是雄蛾们还是能毫不费力地找来。它们并不是凭借记忆来寻找的，也无意去探访雌蛾曾经待过的地方，就这么直接地赶来了。在它们的面前，我的这些小伎俩显得那么荒唐可笑。

它们到底是怎样传递信息的呢？我知道物理学家利用电磁波的原理发明了无线电报，难道说大孔雀蛾也懂得使用电磁波吗？如果真的是这样，我该怎样屏蔽电磁波呢？

我尝试用各种材料制作封闭严密的盒子，有白铁的、木头的、硬纸的，然后把雌蛾放了进去，我还用含油的胶泥封住了盒子的每一丝缝隙。我还尝试着把雌蛾放进玻璃钟形罩，再把玻璃罩放在一小块绝缘的玻璃上。我的严防死守产生了绝佳的效果，再也没有雄蛾找过来了。

试验显示，无论是硬纸的、玻璃的还是金属的材料，都能非常有效地阻碍大孔雀蛾传递信息。甚至一层两指厚的棉花，都能起到很好的隔绝效果。我把雌蛾放进一个短颈大口瓶里，用棉花制成瓶塞，这样也居然瞒住了雄蛾。

反之，如果我的密封做得不够彻底，哪怕只留下一丝缝隙，那么无论我怎么藏雌蛾——比如把雌蛾藏在抽屉里、衣橱里等，都会引来成群结队的雄蛾。我还清楚地记得，一次我把雌蛾藏在帽盒里，那些从遥远的地方赶来的雄蛾，用翅膀猛烈地撞击帽盒，仿佛它们非常熟悉这里的情况。

如此看来，它们并不是用无线电传递信息的，因为不管是不是导体的屏障，都完全隔绝了信号。如今，试验又走入了绝境，大孔雀蛾茧差不多被我消耗殆尽了，但是问题依然没有得到解决。

一天晚上，在开着窗户的房间里，雌蛾安静地待在窗户对面的桌子上，天花板上挂着一盏煤油灯，煤油灯上面有宽大的白色搪瓷放射器。一群大孔雀蛾飞了进来，其中两只匆忙扑向囚禁雌蛾的钟形罩，急切地想与雌蛾亲近。其他 7 只无视雌蛾，径直飞向煤油灯，盘旋了一会儿之后停在了反射着光辉的搪瓷上。整个夜晚，那 7 只大孔雀蛾都待在搪瓷上一动不动。它们是如此地迷恋灯火，甚至超过了对雌蛾的迷恋。

雄小樗蚕蛾个头只有雌蛾的一半大，衣服却比雌蛾更加绚丽，翅膀下端是橘黄色的。

针对大孔雀蛾的试验已经难以为继了。我决定用一种在白天约会的飞蛾来做试验。这一次，我选择的试验对象是小樗蚕蛾，这种飞蛾与大孔雀蛾属于同一种生物。我把一只刚孵出的雌小樗蚕蛾放进金属钟形罩中，然后把窗户打开，以便它往外传递消息。

雌小樗蚕蛾穿着棕色的天鹅绒衣服，脖子上还套着一个皮草的围脖。它的上部翅膀尖有胭脂红斑点，大眼睛里闪烁着黑色、白色和赭石色的光芒，看起来像个月牙儿。它紧紧地抓住钟形罩里面的金属网纱，在一个星期的时间里一动不动。

雄小樗蚕蛾个头只有雌蛾的一半大，衣服却比雌蛾更加绚丽，下部翅膀是橘黄色的。我的住所附近很少能见到它们，我对它们也不怎么了解。这些漂亮的客人，会从遥远的地方来赴约吗？

一天，就在我的试验室的对面，一只漂亮的飞蛾正在扑打着翅膀，它们来了！雌小樗蚕蛾发出神秘的信息，把它们召唤来了，它们一只一只接踵而至，准时得难以想象！更神奇的是，它们都是从北方飞来的。

此时正是寒冬时节，北风呼啸，雄蛾顺风而来，没有逆风而来的。

如果它们是依靠嗅觉赶来的话，它们应该从南方赶来，因为雌蛾的气味被北风吹向了南方。它们从北方赶来，显然无法嗅到雌蛾的气味。

在这 2 小时的时间里，雄蛾绕着我的试验室飞来飞去，它们在不停地勘察着地形，飞过高墙，又掠过地面。它们显得很犹豫，似乎无法确定雌蛾的具体位置。它们长途跋涉而来，在遥远的路途中没有发生任何错误，但是在确切的地点上却缺乏精确的向导。它们终于确定了方位，进入了房间，向雌蛾殷勤致意。两个小时之后，致意仪式结束，它们飞走了。这一次，一共飞来了 10 只雄小樗蚕蛾。

在接下来的一周时间里，每天正午阳光最强烈的时候，都有雄小樗蚕蛾飞来，但是数量在递减，前后共有 40 只雄蛾光顾了我的试验室。现在，我的试验要告一段落了，没必要在继续重复了，我想我已经观察得够多了。

首先，小樗蚕蛾喜欢在白天活动，越是阳光强烈的时候越好，它们喜欢在强烈的光亮中举行婚礼。但是大孔雀蛾的习性却刚好相反，它们总是在上半夜的几小时举行婚礼，对于它们来说，黑暗是必不可少的。为什么它们的习性如此不同呢？

再者，从北方过来的雄小樗蚕蛾，彻底推翻了用气味传递信息的猜想。如果真是依靠气味传递信息的话，这种气味应该强大到能穿透呼啸的北风。

为了解开我的疑惑，我需要继续研究下去。这一次，我的试验对象不会是黑暗的使者——大孔雀蛾，也不是光明的使者——小樗蚕蛾，而应该是一种新的飞蛾，我能找到它们吗？

蛾类的信息传递

我得到了一只漂亮的钝性虫茧，这是我从一个经常光顾我家的小男孩手中买来的。它有着浅黄褐色的外表，十分坚硬。令我惊喜的是，我发现它是一只橡树蛾的茧，而这正是目前我做试验所需要的。

这种传统的飞蛾有许多非同一般的能力，尤其是在发情期，几乎所有的昆虫学著作都会提到这点。被囚禁在盒子中的雌性橡树蛾依然能够产卵，它身处闭塞的陋室，却能准确地向千里之外的雄性传达求爱的信息，引导着这些爱慕者们不远万里，从遥远的草丛或田野中奔来，仿佛有一股看不见的力量，如同指南针一般，引导着雄橡树蛾准确地来到雌性的身边。

我能通过试验亲眼见证这一神奇的事情，是何等的幸运啊。下面，我们就来看看事情具体的发生过程吧。雄性橡树蛾身披一件浅红色的天鹅绒长袍，看上去像是一名身穿道袍的修士，于是它有了一个可爱的昵称：布带小修士。这种橡树蛾的前部横着一条淡淡的带子，身上长着一些圆圆的、眼睛般大小的小白点，看上去非同一般。

这种虫子并不多见，即使我寻觅多年，也仍然一无所获，仅有从小男孩手中买下的这一只。我精心地饲养着它，细心观察着它的一切变化。8月20日，卵孵化了，一只白白胖胖的雌性蛾诞生了！它属于小阔纹蛾，身体呈淡黄色，看上去优雅又美丽。我用玻璃罩盖住了它待的地方，防止它挥着翅膀飞走。屋子里的窗户半开半敞着，光线半暗半明，小阔纹蛾就待在这样的地方。开始两天，小阔纹蛾静静地待在有阳光照射的地方，一动也不动。渐渐地，美丽的姑娘长大了，出落得亭亭玉立，浑身上下充满着娇嫩的肌肉。此时，它正在用一种人类毫不知晓的特殊方式，向外面的雌性蛾类发出求爱的诱惑，促使它们不远千里地赶过来。那么，它到底用了什么魔法呢？我迫切地想知道在它身上所发生的一些秘密。

这是一只漂亮的橡树蛾茧，它有着浅黄褐色的外表，十分坚硬。

第三天下午3时多，一群雄小阔纹蛾飞了过来，围着玻璃罩子嗡嗡直转。这些前来求爱的好青年们有的飞进了房间，有些则停留在屋外的墙壁上，似乎要先休息片刻。我甚至能看见不远处正在焦急赶来的更多雄小阔纹蛾。随着时间的流逝，客人们渐渐都到齐了，远处再也看不见蜂拥而至的雄性蛾类。

我一定要细细看看整个过程，弄清楚这到底是怎么一回事。

从远方赶来的大群蛾类们绕着玻璃罩飞来飞去，一会飞进屋子，一会又飞离屋子，不时停在玻璃罩外推推透明的玻璃外壳，显得十分焦躁。而此时网罩中的雌性小阔纹蛾却不为所动，只是将肚子靠在网纱上，静静地看着外面喧哗的场景，面无表情。

雄性蛾类的热情一直持续了接近3小时，大约是太累了吧，它们终于慢慢安静了下来，有些甚至已经失望地飞离了。最后，只有少部分执着的雄蛾留了下来，它们栖息在我的窗户棱木上，想看看明天有没有机会冲进牢固的玻璃罩。

都怪我太粗心了，一只食肉螳螂居然不知何时溜进了玻璃罩中。这只饥肠辘辘的螳螂当然不会放过胖乎乎的蛾姑娘了。当我意识到这一危险的时候，一切都太晚了，螳螂已经吃掉了蛾的头部和前半截身子！我是多么伤心和震惊啊，这只我好不容易寻觅到的蛾虫，一转眼已经成了螳螂的肚中美食，而我的试验也因此被迫中断了。就在意外发生前不久，我刚刚统计出，这只雌性蛾虫足足引来了60多只雄性小阔纹蛾虫。在我们这个小阔纹蛾稀缺的地方，这是一个多么惊人的数字啊。

后来，我又去了很多蛾虫可能出没的地方寻找，一直到3年后才又一次得到了两只小阔纹蛾的茧。8月中旬时，这两只茧都孵化出了幼虫宝宝，我的试验终于可以继续进行了。

被雌虫宝宝引诱而来的雄性蛾虫总能准确地找到求爱者，只要我不彻底密封它们的居所。而当雌性小虫的居所被牢牢密封住后，雄性蛾虫会毫不犹豫地离开。我想用汽油和类似的恶臭物来混淆房间里的味道，看看

一只饥肠辘辘的螳螂叼起刚刚孵化出的雌性小阔纹蛾，已经吃掉了它的头部和前半截身子！

此时雌小阔纹还能不能召唤到异性。整个房间中弥漫着各种各种的气味，既有芬芳的薰衣草香气，也有臭鸡蛋散发出的恶臭，我想知道在这些混杂的味道中，雄性蛾虫会不会迷失方向呢？

事实证明，我的担忧是多余的，尽管房间里弥漫着混杂的味道，雄蛾虫依然准时地来到了雌性蛾虫身边，没有受到丝毫影响。

事实让我很是沮丧，甚至对研究气味失去了信心，但一次偶然的发现又重新燃起了我的兴趣。当时，我将一只雌性蛾虫放在了研究的玻璃罩中，并贴心地为它准备了一根干枯的橡树枝作为支撑物。我特意将玻璃罩放置在敞开的窗口，这样就算路过的雄小阔纹蛾没有注意到这些异性，至少要从它们身边经过。一天下午，我将居住在玻璃罩中的雌小阔纹蛾虫取走了，放在了光线充足的地方，又顺手将空的玻璃罩丢在了房间一端的角落里，这个半暗半明的角落离窗户大概有 12 步路之远。令我吃惊的是，周围飞来飞去的雄蛾虫竟然完全不顾在光照下显而易见的雌虫，看都没看它们一眼，来来回回中完全无视它们的存在，就更别说前去求爱了。相反地，它们朝着角落里空荡荡的玻璃罩蜂拥而去，伴随着半明半暗的光线苦苦寻觅着，停在冰冷的玻璃罩外壳上来回扑动翅膀，似乎是要将这个坚硬的容器敲穿。整个白天，雄蛾虫维持着这种热情，直到天色转暗，气温渐凉时，才心有不甘地慢慢离去。

这真是件奇怪的事。雄小阔纹蛾对处于显眼位置的雌性无动于衷，却执着于雌虫曾经待过的一个空壳子，难道它们没长眼睛？到底是什么将它们骗得如此辛苦，让它们无法看清眼前的真相，却对一个不真实的诱饵如此执着？

我想起来，在我挪动雌小阔纹蛾之前，它那鼓胀的肥大腹部曾经接触过玻璃罩中的沙土和陶瓷碎片。一定是它们在这里留下了某种分泌物，正是这种分泌物让雄性神魂颠倒。这种分泌物停留在沙土中，随着时间的流逝不断向四周散开，成为吸引雄虫的致命诱惑。

由此我知道了，蛾类是靠着嗅觉来传播信息的，疯狂的雄小阔纹蛾是被这种充满诱惑的气味所吸引而来的，这也就说明了为什么它们对显眼处的蛾虫姑娘视而不见，而要执着地去追寻姑娘们曾经待过的地方，因为姑娘们在那里留下的气味，才是真正诱惑它们的东西。

这只是我的一个试验，我想，我应该尽可能多做一些试验，来验证这种现象是一种普遍存在的规律，从而证实我的推测，弄明白蛾虫们到底是怎样传播信息的。

第二天一早，我又将雌蛾虫带回了玻璃罩里。频繁的移动使它们有些劳累不堪，虚弱地趴在那根干枯的橡树枝上，长时间地将自己掩埋在一团树叶中，久久没有动弹。这些树叶中一定全是它们分泌的味道！后来，我将这根满载着雌蛾虫气味的橡树枝取出来，放在离窗户不远的椅子上，而雌虫依然待在玻璃罩里，看看雄蛾虫将会做出何种反应。

雄蛾虫从窗口处飞进飞出，看上去有些犹豫不决。它们到底会选择雌虫待着的玻璃罩呢，还是会选择充满着雌虫分泌物的橡树枝？或者是另有选择？

它们最终还是选择了橡树枝，那充满着雌虫分泌物的橡树枝！它们停留在干枯的树枝间，扇动着翅膀来回搜寻、挪动树叶，将树枝弄得摇摆不停，甚至掉到了地上。即便如此，它们还是不甘心，继续在树枝上不停搜索，翻来覆去地找，使得树枝在翅膀和爪子的力量下不停挪动地方，就像一张被小猫戏耍的破纸一样。

又有两只新的雄小阔纹蛾加入了搜索大队，疯狂的雄虫甚至连放枯树枝的椅子都没有放过，热情地寻找着。没有一只雄虫会想到，它们苦苦搜索的姑娘，此刻就待在不远处的玻璃罩下面啊，距离它们是如此之近！

后来，我又用一些别的物体替代了枯树枝，将雌虫放在绒线、白纸、木头或者塑料、大理石等物体上，想看看是否只要雌虫待过的地方，对雄虫都具有同样的吸引力。这些物体的材质不同，对雌虫分泌物的吸收程度也不一样。相比较而言，柔软的丝绸更能吸收这种分泌物。无论如何，这些分泌物都会通过接触到的物体向四周传播出去，吸引着雄虫蜂拥而至。

我选择了吸收效果最好的床。我将一部分雌虫待过的床上物质放入短颈大口玻璃瓶中，瓶口敞开着，宽度刚刚够小阔纹蛾进出。这些迫不及待的雄虫一窝蜂地涌入玻璃管中，却发现已经无法出去了，还是好心的我帮助它们出来了。可这些蠢笨的家伙刚被释放出来，就又因为受到瓶内气味的诱惑，主动飞了进去，毫不顾虑此前的危险。

这些试验已经基本肯定了关于气味的推测。我们由此得知，处于求偶期的雌蛾虫能发出一种特殊的气味，引导着雄蛾虫前来与它们汇合。这是人类无法闻到的气味，就算用最敏感的鼻子贴近雌蛾虫去闻，也闻不出一丝气味。

雌蛾虫所分泌的这种气味能扩散到它所待过的所有地方，凡是沾染了这种气味的地方，都对雄蛾虫有着同样的诱惑力。

雄小阔纹蛾和雄大孔雀蛾都有着美丽的触角，我们再来说说它们的触角吧。有人认为，这些触角是它们的引导器，指引它们前行的方向。我的园子里住着一种与小阔纹蛾非常相似的小飞蛾苜蓿蛾，它们同样有着美丽的触角，却无法吸引周围的雄蛾虫，这又做何解释呢？如果触角真能引导着雄蛾虫来到雌性身边，为什么我园子里的这些小飞蛾苜蓿蛾，却无法收到雌性传给它们的信息呢？这只能说明，并非拥有同样器官的昆虫就具有相同的能力而已！